土木工程智慧检测系列教材

"1+X"职业技能等级证书配套教材 | 路桥工程无损检测职业技能等级证书（中级、高级）

U0175074

数字技术
与土木工程信息化
（第2版）

蒋永林　主　编

胡德贵　王　强　副主编

吴佳晔　主　审

人民交通出版社股份有限公司

北京

内 容 提 要

本教材为土木工程智慧检测系列教材、"1+X"职业技能等级证书配套教材,由职业院校专业教师及企业专家团队编写。全书共分九章,内容包括:绪论、数据采集与传输、数据分析与管理、数据展现与应用、数字技术在工程建造中的应用、数字技术在工程检测中的应用、数字技术在工程养管中的应用、实践性试验、演示性试验。具体包括工程项目建设建、养、管过程中从数据采集至数据分析的一系列知识,还包括理论体系构建、关键技术解析、测试方法具体应用及实操指导等。

本教材配有丰富的数字课程资源库及相关试验指导等教学资源,可作为高等院校土木工程等专业主干课程教材,智能建造等专业选修课程教材,也可作为科研人员、试验人员和有关技术人员的专业技术参考书。

* 本书配有多媒体助教课件,任课教师可通过加入职教路桥教学研讨群(QQ 群 561416324)获取。

图书在版编目(CIP)数据

数字技术与土木工程信息化 / 蒋永林主编. — 2 版
— 北京 : 人民交通出版社股份有限公司, 2021. 11
ISBN 978-7-114-17755-2

Ⅰ. ①数… Ⅱ. ①蒋… Ⅲ. ①土木工程—信息化—高等职业教育—教材 Ⅳ. ①TU-39

中国版本图书馆 CIP 数据核字(2021)第 261074 号

土木工程智慧检测系列教材
"1+X"职业技能等级证书配套教材
路桥工程无损检测职业技能等级证书(中级、高级)

书 名:	数字技术与土木工程信息化(第2版)
著 作 者:	蒋永林
责任编辑:	孙 玺 杨 思
责任校对:	赵媛媛
责任印制:	张 凯
出版发行:	人民交通出版社股份有限公司
地 址:	(100011)北京市朝阳区安定门外外馆斜街 3 号
网 址:	http://www.ccpcl.com.cn
销售电话:	(010)59757973
总 经 销:	人民交通出版社股份有限公司发行部
经 销:	各地新华书店
印 刷:	北京鑫正大印刷有限公司
开 本:	787×1092 1/16
印 张:	13
字 数:	300 千
版 次:	2021 年 1 月 第 1 版
	2021 年 11 月 第 2 版
印 次:	2021 年 11 月 第 2 版 第 1 次印刷 总第 2 次印刷
书 号:	ISBN 978-7-114-17755-2
定 价:	49.00 元

(有印刷、装订质量问题的图书由本公司负责调换)

《数字技术与土木工程信息化》
第 2 版编委

序
Preface

我国土木工程基础设施建设规模庞大且技术发展迅速,既有如三峡大坝、港珠澳大桥、川藏铁路等世界级高难度的基建工程,也有如雷神山、火神山医院这类展示"中国速度"的装配式建筑。我国一直有着"基建狂魔"的称号,同时也面临着巨大的转型挑战与创新需求,其中以"智慧工地""智慧养管"为代表的新一轮革新浪潮正以不可阻挡之势扑面而来。

智慧工地是指运用信息化手段,通过三维设计平台对工程项目进行精确设计和施工模拟,围绕施工过程管理,建立互联协同、智能生产、科学管理的施工项目信息化生态圈,并将此数据在虚拟现实环境下与物联网采集到的工程信息进行数据挖掘分析,提供过程趋势预测及专家预案,实现工程施工可视化智能管理,以提高工程管理信息化水平,从而逐步实现绿色建造和生态建造。

而智慧养管则是在工程全寿命周期理论基础上,充分借助数字化技术,结合"精细管理、精准服务"理念,集成人员、业务、技术、装备、数据、模型等,实现对工程养护全过程、全要素的科学化、智能化、主动式、预防性管理,包括:无人化巡查,大数据决策,仿真化设计,模块化制造,自动化作业,全景化感知,全方位应急,精准化服务等多个层次。

"智慧工地"与"智慧养管"内涵丰富,数字化技术为其基础,信息化则为其最初的应用领域。通过数字化技术实现点对点、点对云的交互式连接,进而可随时获得所需信息。而信息化建设是把工程基础建设要素转化成可辨识、可处理的信息,为土木工程向"智慧建造"及"智慧养管"的转变提供基础。

本教材注重理论与实践相结合,既有理论体系的建构,也有关键技术解析,还有具体应用的展示与总结,内容翔实、丰富。同时,提供了相关试验的指导,对培养学生的动手能力大有裨益。

本教材编者中既有从事理论研究的学者,也有从事工程实践的专家,在相关行业均造诣匪浅,对当前数字技术与土木工程信息化发展的理论与应用进行了系统总结。

相信本教材的出版,对推动"智慧建造""智慧养管"的落地和升级,促进土木工程产业变革能发挥重要的作用。

期待此书。

吴佳晔于西南石油大学

2021 年 9 月

第2版前言
Foreword

【背景】

《数字技术与土木工程信息化》教材自出版以来，受到广大职业院校师生和路桥工程技术人员的欢迎，引发了读者对数字技术在行业广泛应用的高度关注，在推动传统产业升级，引导工程检测与人工智能相结合等方面发挥了积极作用。为适应土木工程行业数字化技术的迅猛发展，充分反映物联网、大数据、人工智能、卫星遥感和航测等为代表的数字技术在土木工程信息化中的最新成果，编委决定对《数字技术与土木工程信息化》教材进行修订再版。

【教材定位】

本教材为土木工程智慧检测系列教材，"1＋X"职业技能等级证书配套教材。本教材以适应院校复合型技术技能人才的培养体系，促进学生知识、技能、职业素养的协调发展为背景，由四川交通职业技术学院、青海交通职业技术学院、贵州交通职业技术学院等院校及四川升拓检测技术股份有限公司、四川高速公路建设开发集团有限公司等企业共同编写完成。本教材可作为高等院校土木工程等专业的教学用书，也可供从事土木工程相关工作人员参考。

【教材内容】

本教材从土木工程"智慧工地"与"智慧养管"出发，系统介绍了数字技术、土木工程信息化技术及其发展趋势，对土木工程勘察、设计、建造、管理、运营过程中的数字化应用进行了深入介绍。

在教材具体内容方面，本教材从信息流角度出发，系统介绍了数据采集与传输、数据分析与管理、数据展现与应用等方面的理论、方法和技术。同时注重以真实案例为载体组织教学，收录了在建建筑、桥梁以及公路工程的"智慧建造"及"智慧养管"应用案例，便于读者对这一领域的知识有较为全面和透彻的了解。

本次修订保持了第1版教材的基本结构，收录了数字技术在建筑、桥梁以及路基工程等建设领域的最新应用案例和前沿技术，补充了数字技术在工程检测中的应用案例，新增了卫星定位系统及原理和室内定位系统相关内容，增加了机器人技术和基于AI的工程检测自动判识内容。结合工程实际运用，新增了智慧预制场信息化管理系统、高耸施工设施安全监测系统。实践性试验方面新增了工程实际中广泛应用的裂缝监测系统相关内容。

【教材特色】

坚持产教融合、校企合作编写思路，紧密贴合工程实际需求，紧密结合具体应用领域，着重对数据管理及应用案例进行阐述，同时为了便于学习，本教材提供了相关试验的指导书。

教材体系完整，各部分内容详尽且相互关联，具有较强的实用性及可操作性，有助于学生全面系统地学习和了解数字化技术前沿，又可满足土木行业技术人员的知识拓展及土木工程数字化的实际需求。

注重吸收行业发展的新知识、新技术、新工艺、新方法。随着智慧建造的迅猛发展和技术的更迭，本教材第2版完善了第1版的相关内容，增加了最新的研究成果，新增了"数字技术在工程检测中的应用"章节，让读者能在学习基础理论的基础上，了解到最新的实际应用案例，走在行业发展的前沿。

适应"1+X"证书制度试点工作需要，将职业技能等级标准有关内容要求有机融入教材，推进书证融通、课证融通。读者可阅读附录"1+X"《路桥工程无损检测职业技能等级标准》(2021版)参考学习。教材配有"1+X"考证训练题，其题目题型根据路桥工程无损检测职业技能等级证书中级和高级难度不同设计，便于教师因材施教，梯度教学。

全面落实课程思政建设，通过介绍我国在北斗导航、人工智能领域的新进展，以真实生动案例增强学生社会责任感、民族自豪感，引导学生热爱党、热爱祖国、热爱人民。

【编写分工】

本教材由四川交通职业技术学院蒋永林担任主编，四川交通职业技术学院胡德贵、青海交通职业技术学院王强担任副主编。西南石油大学、四川升拓检测技术股份有限公司吴佳晔担任主审。其他参与编写的还有向程龙(贵州交通职业技术学院)，谭长瑞(四川升拓检测技术股份有限公司)，廖知勇(四川高速公路建设开发集团有限公司)。全书由陈小玉(四川升拓检测技术股份有限公司)统稿。

【致谢】

本教材承蒙西南石油大学吴佳晔教授审阅，并提出许多宝贵意见，在此谨表示诚挚的谢意。本教材在编写过程中，参阅了大量国内外著作和资料，在此感谢被引用文献的作者，以及为本教材提供各种资料的编委及行业同仁。

由于编者水平有限，书中疏漏之处在所难免，恳请读者批评指正。

编　者

2021年9月

教材主要术语中英对照表

中 文 全 称	英 文 全 称	简称
三维	three-dimension	3D
四维	four-dimension	4D
第四代移动通信技术	fourth generation	4G
模数转换	analog-digital conversion	A/D
高级加密标准	advanced encryption standard	AES
人工智能	artificial intelligence	AI
人工神经网络	artificial neural network	ANN
应用程序接口	application programming interface	API
应用	application	App
异步响应方式	asynchronous response mode	ARM
曲线下面积	area under the curve	AUC
浏览器-服务器	browser/server	B/S
北斗导航卫星系统	Beidou navigation satellite system	BDS
建筑信息模型	building information model	BIM
业务流程管理	business process management	BPM
企业流程重组	business process reengineering	BPR
客户-服务器结构	client/server	C/S
计算机辅助设计	computer aided design	CAD
加州承载比	California bearing ratio	CBR
中央处理器	central processing unit	CPU
客户关系管理	customer relationship management	CRM
计算机断层扫描术	computer tomography	CT
数据采集	data acquisition	DAQ
数据挖掘	data mining	DM
数字表面模型	digital surface model	DSM
决策支持系统	decission support system	DSS
电子商务	electronic commerce	EC
电子数据交换	electronic data interchange	EDI
企业资源计划	enterprise resource planning	ERP
专家系统	expert system	ES
前向纠错	forward error correction	FEC
快速傅里叶变换	fast fourier transform	FFT

中 文 全 称	英 文 全 称	简称
假阴性	false negative	FN
假阳性	false positive	FP
假阳性率	false positive rate	FPR 或 FP 率
文件传送协议	file transfer protocol	FTP
伽利略卫星导航系统	Galileo navigation satellite system	Galileo
地理信息系统	geographical information system	GIS
全球导航卫星系统	global navigation satellite system	GNSS 或 GLONASS
全球定位系统	global positioning system	GPS
全球移动通信系统	global system for mobile communications	GSM
超文本传送协议	hyper text transfer protocol	HTTP
输入输出	input/output	I/O
集成光路	integrated optical circuit	IOC
物联网	internet of things	IoT
互联网协议	internet protocol	IP
带业务监测	in-service monitoring	ISM
k 均值聚类法	k-means clustering	K-means
k 近邻查询	k-nearest neighbor query	KNN 查询
远程无线电导航	long-range radio navigation	LoRa
逻辑斯蒂回归	logistical regression	LR
长期演进技术	long term evolution	LTE
最大熵方法	maximum entropy method	MEM
机器学习	machine learning	ML
制造资源计划	manufacturing resource planning	MRPII
办公自动化	office automation	OA
联机分析处理	online analytical processing	OLAP
个人计算机	personal computer	PC
主成分分析	principal component analysis	PCA
概率可检测证明	probabilistically checkable proofs	PCP
聚乙烯	polyethylene	PE
物理层	physical layer	PHY
定位测姿系统	position and orientation system	POS
电子付款机	point of sale	POS
质量功能展开	quality functional deployment	QFD
随机存取存储器	random access memory	RAM

中 文 全 称	英 文 全 称	简称
射频识别技术	radio frequency identification	RFID
强化学习	reinforcement learning	RL
递归神经网络	recurrent neural network	RNN
受试者操作特征曲线	receiver operating characteristic curve	ROC 曲线
只读存储器	read-only memory	ROM
遥感技术	remote sensing technique	RS
实时动态	real-time kinematic survey	RTK
实时传输协议	real-time transport protocol	RTP
远程终端	remote terminal unit	RTU
简单对象访问协议	simple object access protocol	SOAP
合成孔径雷达	synthetic aperture radar	SAR
供应链管理	supply chain management	SCM
存货单位	stock keeping unit	SKU
半监督学习	semi-supervised learning	SSL
支持向量机	support vector machine	SVM
传输控制协议	transmission control protocol	TCP
传输控制协议/互联网协议	transmission control protocol/internet protocol	TCP/IP
真阴性	true negative	TN
真阳性	true positive	TP
真阳性率	true positive rate	TPR 或 TP 率
全面质量管理	total quality management	TQM
无人驾驶飞行器	unmanned aerial vehicle	UAV
用户数据报协议	user datagram protocol	UDP
用户界面	user interface	UI
通用移动通信业务	universal mobile telecommunications service	UMTS
通用串行总线	universal serial bus	USB
超大规模集成电路	very large scale integrated circuit	VLSI
虚拟专用网	virtual private network	VPN
无线保真	wireless fidelity	Wi-Fi
万维网	world wide web	WWW
可扩展标记语言	extensible markup language	XML
单片计算机	single-chip computer/computer on a chip	—
以太网	ethernet	—
串行端口	serial port	—
蜂舞协议	zigbee	—

中 文 全 称	英 文 全 称	简称
信度	reliability	—
贝叶斯	Bayes	—
深度学习	deep learning	—
数据集	data set	—
测试数据	test data	—
决策树	decision tree	—
信息熵	information entropy	—
集成学习	ensemble learning	—
回归方程	regression equation	—
层次聚类法	hierarchical cluster	—
训练集	training set	—
测试集	testing set	—
偏移	bias	—
方差	variance	—
欠拟合	underfitting	—
过拟合	overfitting	—
准确度	accuracy	—
差错率	error rate	—
精度	precision	—
查全率	recall	—
互信息	mutual information	—
缺陷	defect	—
大数据	big data	—
戴明环	PDCA cycle	—
贝叶斯网络	Bayesian network	—
神经元网络	neural network	—

注:本表根据全国科学技术名词审定委员会审定公布的名词(术语在线)整理。

教材配套资源使用说明

本教材配套配套资源丰富、呈现形式灵活,拓展资源列表如下,教师可引导学生利用网络信息技术和优质资源进行自主学习。更多动画视频可通过城市轨道交通专业数字化教学资源库(https://rail. tonesung. com/)平台查看。

本教材配课件、"1 + X"考证训练题及答案等电子版资源,有需要的任课老师可联系出版社获取。

序　　号	资源名称	页　　码
1	三维变电站——(三维激光扫描)三维激光建模	16
2	智能全站仪(索佳 ix)	17
3	树莓派	18
4	翻斗式雨量计	24
5	无人机三维建模	29
6	无人机线路勘察设计 1	29
7	无人机线路勘察设计 2	29
8	无人机线路勘察设计 3	29
9	路桥隧监测视频	101
10	智慧工地——手机巡检演示	103
11	拌和站与工地试验室	104
12	智慧连续压实视频	107
13	智慧工地——隧道衬砌 AI 检测演示	150
14	基于手机的混凝土缺陷检测与识别	178
15	机器学习模型训练及应用	184
16	填方工程的连续压实控制系统	187
17	基于网络型监测测试仪的物联网数据采集	190

教学进度计划建议

总学时:48 学时(理论学时 38 学时,实训学时 10 学时,合计 48 学时)

周	理论学时	实训学时	教学主题及授课内容	合计学时
1			第 1 章 绪论	3
	1		1.1 科技革命与产业变革	
	0.5		1.2 数字时代与"新基建"	
	1		1.3 数字技术与土木工程信息化	
	0.5		1.4 "1 + X"证书制度简介和 1.5 教学指南	
2			第一篇 基础篇 数字技术基础知识	12
			第 2 章 数据采集与传输	
	1		2.1 概述	
	1		2.2 基于移动设备的数据采集	
	0.5		2.3 基于物联网设备的数据采集	
	0.5		2.4 基于无人机的数据采集	
3	1		2.5 基于卫星定位的信息采集	
	1		2.6 数据传输	
			第 3 章 数据分析与管理	
	1		3.1 经典的数据分析方法和手段	
4	1		3.2 基于人工智能的分析方法和手段	
	1		3.3 机器学习在无损检测中的应用	
	1		3.4 数据管理及大数据技术	
5			第 4 章 数据展现与应用	
	1.5		4.1 数据展现	
	1.5		4.2 基于数据的工程管理、预测与控制	
6			第二篇 实例篇 数字技术在土木工程中的应用	21
			第 5 章 数字技术在工程建造中的应用	
	3		5.1 智慧工地技术架构及模块	
7	3		5.2 智慧工地典型应用场景	
8			第 6 章 数字技术在工程检测中的应用	
	3		6.1 智慧检测技术架构与模块	
9	3		6.2 智慧检测典型应用场景	
10			第 7 章 数字技术在工程养管中的应用	
	3		7.1 福建省高速公路智慧养护管理系统	
11	3		7.2 河北省高速公路智慧养管系统 CPMS-Heb	
12	3		7.3 四川省高速公路桥梁安全监测示范系统	
13			第三篇 实践篇 土木工程信息化试验	12
			第 8 章 实践性试验	
	1	2	实践性试验一:基于手机的混凝土缺陷检测与识别	
14	1	2	实践性试验二:裂缝监测系统的搭建及运用	
15			第 9 章 演示性试验	
	0	3	演示性试验一:机器学习(AI)模型训练及应用	
16	0	1.5	演示性试验二:填方工程的连续压实控制系统试验	
	0	1.5	演示性试验三:中小跨径桥梁健康监测系统试验	
合计	38	10	—	48

目　录

Contents

第一篇　基础篇　数字技术基础知识

第1章 绪 论

 学习导读

  本章介绍了数字经济的特点、数字技术在土木工程信息化领域应用的内涵,目的在于使学生了解数字技术在土木工程规划、设计、施工、检测、养管中的应用,为更深层次的学习打下良好的基础。同时,本章对"1+X"证书制度进行了简要介绍,便于师生明晰相关标准,更有针对地开展教学;本章的教学指南为师生提供了建议与指导,有助于师生明确目标、抓住重点、把握方向。

1.1 科技革命与产业变革

  回顾人类社会的发展历史,每一次重大科技革命都会引发产业变革,并对经济社会的发展产生重大影响。以蒸汽机发明为标志的第一次科技革命,带来了铸铁、玻璃等新型建筑材料的出现,用铸铁和玻璃建造而成的伦敦水晶宫成为那个时代的标志性建筑。第二次科技革命是电力技术的发明,因为有了电灯、电梯等电气设备,美国开始建造摩天大楼。第三次科技革命是20世纪迎来的信息技术,随着计算机的诞生,建筑设计师可以借助计算机来进行复杂的结构设计和计算,形式新颖的建筑陆续出现,例如澳大利亚的悉尼歌剧院。当前,人类社会正向第四次科技革命迈进,正在进入一个以数字化、网络化、智能化为特征的数字时代。

  数字时代的经济有3个显著特点:一是以互联网为核心的新一代信息技术,如5G、物联网正逐步成为人类社会经济活动的基础设施,在其支持下,人类极大地突破了沟通和协作的时空约束,推动平台经济、共享经济等新经济模式快速发展;二是各产业链围绕信息化主线深度协作、融合,完成自身的提升和变革,并不断催生新的业态,同时也使一些传统业态模式发生变化,产生新的商业模式(一些传统产业、职业可能走向消亡,出现新的业态和新的产业岗位),特别是2020年新冠肺炎疫情期间,远程在线课程、远程在线就诊、无接触配送等数字经济新业态新模式快速发展;三是随着云计算、大数据、人工智能技术的发展,海量的数据和资源集聚在一起,无数的智能机器和智慧大脑在网络平台上持续互动,相互交流,彼此作用,信息技术体系将释放出远超当前的技术潜能,将产业技术、社会治理、城市管理、行业管理等推向"智慧"的阶段,从而极大地提升资源配置效率,带来数字经济的爆发式发展。

数字时代的经济,大致可以分为两个主要类别:数字产业化经济和产业数字化经济。数字产业化经济的产业,主要是指信息通信产业,如电子信息设备制造业、电信业、软件和信息技术服务业,以及数字技术迅猛发展所产生的新兴行业(如大数据、云计算、物联网)等。产业数字化经济是数字经济的主体部分,其主要特征是将互联网、大数据、云计算、人工智能等数字技术与传统产业相结合,这样可带来产出增加和效率提升。在农业领域,产业数字化经济包括农业生产、运营、管理的数字化,农产品配送的网络化等;在工业领域,包括工业互联网、智能制造等;在服务业领域,包括新零售、智慧物流、电子支付、在线旅游、在线教育和共享经济等;在基础设施领域,包括数字公路、数字建造、智慧建筑、智能机械等。

1.2　数字时代与"新基建"

传统基础设施建设(基建),主要是指铁路、公路、机场、水利工程等的建设。数字经济时代,除了人员、物品是生产要素外,数据也是重要的生产要素,为适应新的生产要素就需要建设新型的基础设施。新型基础设施是以新发展理念为引领,以技术创新为驱动,以数据、网络为基础,面向高质量发展需要,提供数字转型、智能升级、融合创新等服务的基础设施体系。新型基础设施与传统基础设施的根本区别在于它的数字化、网络化、智能化,产品形态从单纯的实物产品转变为"实物＋数字"有机融合的产品(也称数字孪生、数字双生)。工程建设者通过物理实体和虚拟空间的融合,利用传感器采集的海量数据,通过高速网络传输,在各种智能算法的支持下,实现智能化的生产和服务,同时开发更多更好的产品和服务,在提升社会生产力的同时,更好地满足人们对美好生活的需求。在潜力巨大的传统基建领域应用数字技术,可以加快传统基础设施建设的转型升级,有效解决因传统基础设施粗放式、碎片化的建造方式而带来的效益、质量、安全、环保等方面问题,实现中国建造高质量发展。与此同时,在传统基建领域发展数字技术可弥补数字产业缺乏足够的应用场景和模式等方面缺陷,催生出新的产业及新产业创造出的新就业岗位,实现产业数字化和数字产业化的双向赋能。

简单地说,数字时代的土木工程建设,就是要在工程实体建设的同时,把最基层对象的感知数字化,在实现工程建造要素资源数字化的基础上,利用现代信息技术,通过大数据、人工智能、云计算等数据处理,实现数字链驱动下的工程立项策划、规划设计、施(加)工生产、养管等智能决策和高效率协同,拓展工程建造价值链,改造产业结构形态,向用户交付智能化工程产品与服务。数字时代的土木工程建设如图1-1所示。

数据对象层为工程建设的相关参与方,包含施工人员、工程机械、工程资源、工程环境及工程产品等,是数字时代土木建设数据来源的主体。

数据感知层负责土木工程项目在规划设计和建造过程中的人员、机械、资源、环境等相关信息的数据采集。人们利用感知设备将工程建设中的质量、进度、安全等大量数据统一收集，实现工程建设信息的全面感知。工程建设数据主要通过各类前端的数据采集设备，如无线射频识别技术（RFID）设备、传感器、视频监控装置、地理信息系统（GIS）/全球定位系统（GPS）和遥感测量，以及各类检测、智能化施工机械等设备，将大量反映客观世界的数据收集并传送至数据中心，数据中心通过筛选、分析后形成结果性或统计性数据。

图 1-1 数字时代的土木工程建设

数据传输层负责将数据感知层所获取的建筑工程项目相关的信息或数据进行传输与共享，技术上主要是通过卫星通信网络、互联网、移动互联网、物联网等技术来实现，目的是实现建造过程中人与物、物与物、人与人及终端与数据平台间的信息传输与共享，实现更加全面的互联互通。

数据分析管理层具有海量信息存储和数据分析处理功能，负责存放建造过程中所必需的各种信息，如与设计相关的建筑信息模型（BIM）信息，人员、机械设备、材料、环境信息等。技术上，可以使用云存储技术构建基于云平台的数据中心来实现。

数据应用层通过建立一系列标准化的服务类应用，根据建筑工程项目参与方的不同需求，为其提供有针对性的、个性化的应用服务，实现不同参与方之间的协同运作，进而使建筑工程项目建造过程、养管过程的全寿命周期管理更加智慧化。

近年来，融合自动感知、人工智能等的智能建造装备开始应用于交通基础设施建造中。如沥青路面施工中使用无人驾驶压路机自动压实，如图 1-2 所示；隧道施工中采用数字化、智能化掌子面地质信息分析技术，如图 1-3 所示。

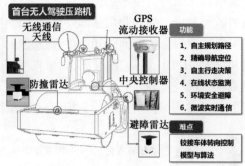

图1-2　无人驾驶压路机用于路面施工

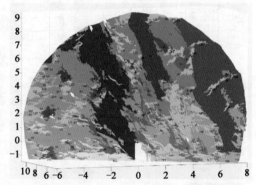

图1-3　数字化、智能化掌子面地质信息分析

2020年8月交通运输部印发了《关于推动交通运输领域新型基础设施建设的指导意见》,其中提出在交通运输领域,新型基础设施建设的目标是实现先进信息技术深度赋能交通基础设施,泛在感知设施、先进传输网络、北斗时空信息服务在交通运输行业深度覆盖,交通运输设施设备精准感知、精确分析、精细管理和精心服务能力全面提升,智能列车、自动驾驶汽车、智能船舶等逐步应用,打造融合高效的智慧公路、智慧铁路、智慧航道、智慧港口、智慧民航、智慧邮政、智慧枢纽,推进新能源新材料及可循环利用材料在基础设施建造、生态修复和运行维护领域的应用。2020年8月,我国首条支持5G自动驾驶测试与应用的智慧高速公路——长益高速公路建成通车,全国有部分高速公路已开展支持车路协同自动驾驶创新示范工作。

1.3　数字技术与土木工程信息化

随着现代信息技术的发展,利用数字技术、智能装备,通过物联网和人工智能等技术对传统土木工程建设进行全面的数字化改造,最终实现建设过程的自动化、智能化及养管过程的智能化、无人化,是土木工程发展的必然趋势。土木工程信息化是土木工程从数字化走向智能化的必要阶段,目前正处于蓬勃发展时期。通过数字化技术,人们可以实现建造过程的信息化、自动化,可以从多方面有效解决部分地区基础设施建设存在的施工环境差、作业效率低、质量安全风险高、监督检查难等突出问题,有望破解山区经济社会发展的困局。对土木工程全寿命周期管理而言,主要分为工程勘察、工程设计、工程建造、工程检测、工程养管五个阶段,其中工程养管阶段所投入的成本最大,其次是建造阶段,设计阶段投入相对较少。在产业转型升级高质量发展的新形势下,土木工程全寿命周期的数字化变革需求变得越来越迫切。

1.3.1 工程勘察的数字技术应用

通信技术、空间信息技术,尤其是高分辨率卫星遥感技术、真三维可视化管理技术、激光雷达技术和全景影像技术等新兴技术的发展及其在工程勘察设计中的应用,大大缩短了工程项目勘察设计工作的作业时间,极大地提高了作业效率和精度,降低了工程建设成本,为工程勘察设计工作带来了新的发展机遇。其中,3S技术正逐渐成为勘察数字化的核心技术。3S技术是遥感(RS)技术、地理信息系统(GIS)技术和全球定位系统(GPS)技术的统称,是将空间技术、传感器技术、卫星定位与导航技术和计算机技术、通信技术相结合,高度集成地对空间信息进行采集、处理、管理、分析、表达、传播和应用的现代信息技术。

一、高分辨率卫星遥感技术

近年来,卫星遥感图像的定位精度越来越高,空间分辨率亦越来越高,尤其是随着中国高分辨率对地观测系统(简称高分专项工程)的逐步实施,卫星遥感技术可以更加快速、精密、详细地获取地表信息,在工程应用领域也有了突破性的进展。高分辨率卫星遥感技术在道路交通领域主要用于遥感交通调查、遥感影像地图与电子地图制作、道路工程地质遥感解译等方面。

二、航空摄影测量

航空摄影测量是一门以飞机搭载的摄影机所拍摄的物体影像为基础,从几何和物理方面加以分析和量测,从而确定物体的形状、大小、性质及空间位置等信息的学科。由于航空摄影测量的影像信息量丰富,真实和详尽地记录了摄影瞬间的地表形态,人们能方便地获得被摄地区的大比例地形资料。实践表明,航空摄影测量是大规模、快速、大范围获取各种地面信息的手段。

航测高程的理论精度可达航高的 $1/4000 \sim 1/6000$,因而,整体提高航测精度最可行的方法是尽可能地降低摄影航高。但在摄影测量学上,航高的降低有一定的技术难度,需要研究解决安全航高的限制、摄影死角增多、单幅图像覆盖面积减小、相对航速的增加使像点发生位移、近地层气流扰动使图像变形增大等一系列技术和经济问题。

三、数字摄影测量

随着计算机技术等学科的不断创新突破,航测技术逐步进入了数字摄影测量阶段。数字摄影测量起源于摄影测量自动化实践,采用通用的计算机和相关外部设备,以计算机视觉代替人眼的立体观测,利用相关技术自动处理数字化影像,生产完全数字化形式的相关产品。这种全数字化、全自动化的测绘方式,为数字化的工程勘察设计提供了一种可靠的数据源。

四、高精度 GPS-RTK 测量

摄影测量获取的航测数据,尤其是高程精度,往往不能满足施工图设计的要求。例如,对于需保留原有路面的桥梁改扩建工程而言,必须有高精度的地面测量数据予以保证。

GPS 具有较好的平面测量精度,但高程测量精度相对较低。因此,在实际工程建设过程中,通过引入大地水准面精细化等办法,逐步形成并完善了 GPS-RTK 三维地面数据采集技

术方案,实现"一次测量、三维定位",GPS 测量的大地高程值能在满足工程需要的条件下直接转化为几何水准高程,实现卫星高精度水准测量,从而大大减少甚至取代常规地面测量作业。

五、激光、微波(雷达)测量

激光或者微波测量技术均通过测试激光(或电磁波)在遇到物体时反射的时间,进而测量物体的大小和轮廓。该方法具有低成本、高效率、快速测量等特点,为我国数字化城市建设及工程勘测等测绘工程提供了有力的技术支持。

六、数字化地形图

数字化地形图可有效解决测量数据多、测量完毕不易校核、测量易出错、测量资料保存难等问题。通过专业数字化地形图处理后,地形图可以形成电子档案,不仅可以满足规范的需求,而且勘测成果在图上一目了然,既可以重复利用,也可以永久保存,还可以不断地补充、调整。数字化地形图使测设过程发生了本质的变化,改善了现有勘察设计体系,实现了勘察和设计协同作业,提高了设计能力,缩短了设计周期,提高了设计质量与设计水平;同时还减少了工作人员的野外工作时间和内容,大大降低了劳动强度。

七、无人机航测

工程设计对测量的数据要求越来越高,传统测量周期长、数据格式有限,难以满足现代工程设计的要求。无人机的外业操作简便,内业解算周期短,数据质量可靠,同时能够快速生成正射影像,在初步设计过程中应用前景广泛。与传统的在地形图上选线相比,无人机航测在数字化地形图上的选线更加直观、高效。

1.3.2 工程设计的数字技术应用

目前,广为应用的建筑信息模型即 BIM 技术,是工程设计数字技术应用的重要手段,它使工程设计逐渐向协同化和可视化设计发展。不同于计算机辅助设计(CAD)的基于二维状态下的设计,BIM 技术下的建模设计过程是以三维状态为基础,通过构建三维实体模型,使设计过程更加直观。通过建立基于 BIM 数据库的协同平台,把建筑项目各阶段、各专业间的数据信息纳入该平台中,业主、设计、施工及运维等各方可以随时从该平台上任意调取各自所需的信息,通过协同平台对项目进行设计深化、施工模拟、进度把控、成本管控等,提升项目的管理水平、设计品质。

BIM 技术建造的数据模型数据量过大时,可以通过轻量化的方式进行数据处理。Unity 3D 可视化技术可以实现道路模型和相应数据的形象展示。

工程设计的数字化应用还体现在利用自动化技术来实现自动设计,例如,工程实际中出现的桥梁自动化勘察设计平台、路面自动摊铺机、智能桥梁检测车,以及用于工程施工和养护领域某些特殊用途的机器人等,这些都是工程设计数字技术的典型应用。

1.3.3 工程建造的数字技术应用

数字化建造是指在建筑工程施工中,利用数字化技术,把施工现场、工程机械设备、生产线、构件工厂、供应商、建筑产品、用户等紧密地连接在一起,收集和处理各种相关数据,并对这些数据用计算机进行科学的分析处理,最后反馈到相关部门作为管理层的决策依据。它是在建筑工业化的基础上进行的数字化升级,用"看不见"的数据自动化来驱动"看得见"的施工过程智能化,从而极大地提高施工管理的效率和水平,使建筑工程施工管理水平跃升到一个新的发展台阶。

随着近年来 BIM 标准化建设、个人计算机(PC)预制工厂的发展,数字化建造也逐渐从前沿的研究课题走向实际的建造工程。尤其是建造过程中数字模拟技术拓展了人的想象力,再加上新型科技材料、机器人精确加工、3D 打印技术的应用,产生了一些更绚丽的新工艺、新产品。

目前,数字化建造在土木工程领域应用较为广泛的是智慧工地、智能定位、物联网(IoT)实时监测、质量信息管理等方面。每一项应用都致力于将数字技术综合运用,在结合工程现场经验后,逐步做到工程现场智慧管理。

(1)建设项目:以工地现场管理为核心,通过信息化技术取代传统手工业务,为项目现场的人员、机械、安全、环境等各方面提供数字化的解决方案。

(2)集团公司:利用信息化平台的集成整合,提升集团公司层对施工一线的直接管控水平,强化内部协调性,同时可实现基于大数据层面的决策分析。

(3)主管部门:采用一体化、多层次、多区域的末端信息化结构体系,建立远程监管平台,打破信息壁垒,可以掌握一手数据,实现工程建设的数字化监管。

1.3.4 工程检测的数字技术应用

数字化检测技术体系是指以检测技术为核心,在工程检测领域从手段智慧化到数据智慧化的发展趋势,打造以智慧检测铸就品质工程的技术体系。

智慧检测重点突出工程质量和品质提升,致力于达到以下目的:检测数据信息化(通过先进的手段采集或收集数据,及时上传数据并将结果反馈到工程前端,达到实时有效的数据信息化);传统手段智能化(通过无损检测、机器人检测、物联网监测等手段,替代较为落后的检测与监测方法,可以做到快速、准确、稳定的现场及试验室检测与监测);平台应用智慧化(平台不仅要包含质量与安全监管的核心模块,也应覆盖检测与监测部分的成本、进度、计量计价、数据溯源及防伪、数据综合评估、结果反馈、预警报警、维修整改建议等功能模块);接口协议标准化(开发统一的数据协议与接口,在现有的建筑行业标准基础上,创建和完善智慧检测所需的数据库字段、格式等数据标准)。数字技术在工程检测中的应用的具体内容见本书第6 章。

1.3.5 工程养管的数字技术应用

工程养管的数字技术应用主要是指以数字化、信息化、智能化技术为基础,构建物联网,通过感知设备实现工程信息的收集和传输,并对实时的、动态的数据进行分析,建立智慧的诱导系统,保证工程结构处于健康运行状况,满足各类用户的实际需求。在道路基础设施中,目前大部分基础设施处于"被动养管"状态(当已经出现病害时才采取养护措施,进行对病害的修补工作),数字技术的应用可以变被动养管为主动养管,从项目建设初期开始,在结构的关键部位或控制性断面预埋传感设备,实时动态采集各类数据,如结构的温度、受力、变形、裂缝等。在项目的养管阶段,通过对比实时检测和监测到的数据与初始数据,分析病害的发展规律,预测可能出现的结构病害及其发展趋势,提前采取相应的养护和病害维修措施,防止病害加剧和危害工程安全的情况发生,如道路路基的不均匀沉降、桥梁坍塌、隧道衬砌脱落、边坡滑坡等。

目前,数字技术已经在国内不少高速公路的养护和管理中发挥了重要作用,具体内容见本书第7章。

1.4 "1+X"证书制度简介

1. "1+X"证书制度背景

2019年,《国家职业教育改革实施方案》提出,在职业院校、应用型本科高校启动"学历证书+若干职业技能等级证书"制度试点(简称"1+X"证书制度试点)工作。同年,教育部等四部门印发《关于在院校实施"学历证书+若干职业技能等级证书"制度试点方案》,文件指出,重点围绕服务国家需要、市场需求、学生就业能力提升,启动"1+X"证书制度试点工作,提升职业教育质量和学生就业能力。2021年,《中华人民共和国国民经济和社会发展第十四个五年规划和2035年远景目标纲要》也明确指出,完善职业技术教育国家标准,推行"学历证书+职业技能等级证书"制度。

"1"为学历证书,"X"为若干职业技能等级证书。学历证书全面反映学校教育的人才培养质量;职业技能等级证书是毕业生、社会成员职业技能水平的凭证,反映职业活动和个人职业生涯发展所需要的综合能力。"1"是基础,"X"是"1"的补充、强化和拓展,书证相互衔接融通正是"1+X"证书制度的精髓所在。

自2019年以来,教育部职业技术教育中心研究所先后发布了四批培训评价组织及其开发的"1+X"证书名单。迄今培训评价组织共计301家,涉及职业技能等级证书447种,社会认可度在不断提升。"路桥工程无损检测职业技能等级证书"也被选入,成为土木建筑行业重要的"1+X"证书之一。

2. 路桥工程无损检测职业技能等级证书

随着社会的发展,对基础设施的建设质量、运营安全等提出了越来越高的要求,其中,无损检测成为了重要的保障手段。数字化、智慧化的浪潮也在深刻地改变着各个行业,"智慧工地"及"智慧养管"正在成为土木工程重要的发展方向,而其中智慧检测就是其中不可或缺的一环。

在此背景下诞生的"路桥工程无损检测职业技能等级证书",不仅包括路桥、土木工程相关的无损检测,也包括基于物联网(IoT)的远程监测的相关内容。证书面向市政、交通等基础设施类施工、监理、养护、检监测等企事业单位。持证人员可从事无损检测、监测相关项目,在方案编制、现场实施、报告编制、技术和流程管理等方面发挥作用。证书分为初级、中级、高级三个等级,级别依次递进,高级别涵盖低级别职业技能要求。

1.5 教学指南

1. 教学目标

作为土木工程智慧检测系列教材,本教材以"智慧工地"及"智慧养管"为侧重点,系统介绍了数字技术及土木工程信息化技术行业现状,对土木工程勘察、设计、建造、管理、运营过程中的数字化应用进行了深入介绍,大致预测了相关技术发展趋势。同时本教材也与"1+X"职业技能等级证书相配套,主要是对工程检测及工程养管阶段与数字技术应用相关的专业需求内容进行了阐述,以数字技术与土木工程信息化为切入点,结合"1+X"证书制度,旨在促进学生知识、技能、职业素养的全面发展,使学生适应院校复合型技术技能人才的培养体系。

基础篇主要介绍了数字技术在土木工程信息化领域应用的内涵以及数字技术与土木工程信息化中各种数据采集与获取的技术和方法,目的在于使学生了解数字技术在土木工程规划、设计、施工、检测、养管中的应用的同时,熟悉工程测试和工程物联网监测数据获取的整个过程;了解各种检测、测绘、监测、勘察等专业仪器设备和技术,以及多种通信技术相关知识。

实例篇主要介绍了土木工程信息化中的数据展现及应用、智慧工地的概念与特征以及数字技术在工程检测中的应用,展现当前智慧工地的典型应用场景,同时以智慧管理云平台、连续压实控制系统、建筑基坑在线监测系统、隧道工程衬砌质量信息管理系统等应用场景为代表,详细剖析了数字技术在工程建造中的应用,使学生在学习过程中有实际工程可以参考,领会各类工程建造数据的数字化应用。

实践篇设置了相关土木工程信息化试验,分为实践性试验和演示性试验两大部分。实践性试验包括基于手机的混凝土缺陷检测与识别、裂缝监测系统的搭建及运用;而演示性试验包括机器学习(AI)模型训练及应用、填方工程的连续压实控制系统试验、中小跨径桥梁健康监测系统试验。试验详细描述了试验方案和试验原理,说明了试验目的,介绍了所需试验设备及装置,以及试验前的数据准备工作,也对试验步骤进行了细致的梳理。该部分主要为了提升学生动手实操能力,在学习过程中切身领会工程检测技术如何运用到实际。

2. 教师教学建议

教学工作的开展要求教师同时具备技术素养和学科素养。针对技术素养,建议教师多参加学校组织的定期培训,掌握基本信息技术的运用技能。建议学校采取"请进来与走出去"的培养模式,对专业教师通过挂职锻炼、带实习、假期集中下现场、技术服务等途径增加工程经历,使每位教师都拥有一定的企业实践经历,提高教师的工程实践能力。

另一方面针对学科素养来说,要具备扎实的学科素养和知识的应用能力,虽然老师不一定是知识的原创者,但一定是知识的掌握者和娴熟应用者。只有理论知识和实操实践相结合才能在在线案例教学组织过程中,对平台选择、案例教学设计、案例组织、诱导启发式案例交互安排和全过程质量评价作出合理的度量。

3. 学生学习寄语

科学技术的不断发展促进土木工程行业的持续性变革,利用数字技术、智能装备,通过物联网和人工智能等系统对传统土木工程建设进行全面的数字化改造,最终实现建设过程的自动化、智能化,养管过程的智能化、无人化,是土木工程发展的必然趋势。

科技日新月异的发展变革对学生的技能掌握规模与深入度带来了新的要求,对学生的专业程度也提出了新的要求,土建工程检测、道路养护与管理、土木工程检测技术、建筑材料检测技术、勘察技术与工程等专业更多的是要求技术人员要全方位多角度了解相关理论与技能,学生在学习的过程中应该注意自身理论认知和技术能力的同步提高,利用配套的视频演示、院校实训基地的实训试验以及实习企业的实践学习综合提升技术技能水平,成为复合型技术技能型人才。

　　"器物有形,匠心无界",怀大国匠心,做大国匠人。聚沙成塔需要我们每一个人为之付出,工匠精神应内化为职场信仰,成为个人事业刷新与中国国力提升的"利刃"。常怀大国匠心,方成大国匠人!

本章参考文献

[1] 赵磊."智能监理"理念在水运工程施工中的应用模式[J].水运工程,2017,(S1)(529):6-10.

[2] 陈艳琼.智慧监理在工程中的应用探讨[J].福建建材,2019,233(11):105-106.

[3] 刘磊."互联网+"在构建智慧工地中的应用研究[J].中国管理信息化,2019(6):62-63.

[4] 郭晓春."物联网+"下的智慧工地项目发展探索[J].智城建设,2019(6):32-33.

[5] 王丽佳.基于BIM的智慧建造策略研究[D].宁波:宁波大学,2013.

[6] 王小龙.建设工程数字化管理体系研究[D].北京:北京交通大学,2010.

[7] 许凤,谢东升,肖一羽.关于智慧建设相关概念和内涵的探讨[J].建设监理,2019(1):56-58.

[8] 张艳秋.智慧建造框架体系与标准化建造服务建模[D].武汉:华中科技大学,2016.

[9] 丁浩,潘勇,蔡爽."云友"公路隧道养护管理智能云平台的开发及应用[J].公路,2017(11):254-257.

[10] 毛海东.大数据背景下的城市道路养护管理研究[J].市政技术,2019(2):45-46+109.

[11] 殷亚君.大数据时代基于物联网技术的智慧高速公路研究[J].中国建材科技,2019(4):112-115.

[12] 朱合华,李晓军,陈雪琴.基础设施建养一体数字化技术(1)——理论与方法[J].土木工程学报,2015(4):99-110+123.

[13] 任成飞.桥梁巡检养护管理系统的开发与大数据分析[D].西安:长安大学,2017.

[14] 丁烈云.数字建造导论[M].北京:中国建筑工业出版社,2019.

[15] 中华人民共和国交通运输部.交通运输部关于推动交通运输领域新型基础设施建设的指导意见[EB/DL].(2020-08-24)[2021-11-10].http://www.benbu.gov.cn/public/content/45996691.

第一篇 基础篇

数字技术基础知识

第2章　数据采集与传输

 学习导读

　　本章主要介绍数字技术与土木工程信息化中各种数据采集与传输的技术和方法。在学习过程中,需要熟悉工程测试和工程物联网监测数据获取的整个过程;了解各种检测、测绘、监测、勘察等专业仪器设备和技术,以及多种通信技术相关知识。

2.1　概述

2.1.1　背景

　　工程信息数据的准确采集与传输是确保工程建设质量、生产安全、有效实施监控管理的重要因素。面对建设工地面积大、建筑结构复杂、人员多、设备物资分散、管理作业流程琐碎等特点,采用传统的人工巡视、纸笔记录的信息获取方式早已无法满足大型项目建设和基础设施监控管理需求。当今时代科技飞速发展,智能传感器、视频监控设备、智能手机、无人机、全球导航卫星系统(GNSS)、各种专业检测设备和无线通信传输等技术不断进步,极大地提高了我们的信息数据采集能力和采集数据的准确性、时效性、便捷性。在工程建设和基础设施养护管理过程中,将各种先进的信息采集与传输技术应用于工程建设和基础设施养护管理领域,利用信息化、网络化、智能化手段进行信息数据采集与传输,创新监管模式是解决工程建设和基础设施养管中信息采集与传输困难、监管手段落后等难题的必由之路。

2.1.2 数据采集的概念

数据采集(DAQ),又称数据获取,是指从传感器和其他设备中自动采集非电量或电量信号,送到上位机中进行分析、处理。数据采集技术广泛应用在各个领域,如视频摄像头、传感器、麦克风等都是数据采集工具。具体的采集方法有接触式和非接触式两种形式,检测元件也多种多样。但不论哪种方法和元件,均以不影响被测对象状态和测量环境为前提,以保证数据的正确性。

数据采集的目的是测量表面光亮(视频)、电压、位移、振动、温度、压力、声音等物理量。无论采集哪种数据,都需要将模块化硬件、应用软件和计算机结合。典型的数据采集系统整合了信号、传感器、激励器、信号调理、数据采集设备和应用软件等。检测设备数据采集流程图如图 2-1 所示。

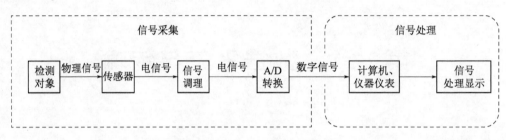

图 2-1 检测设备数据采集流程图

能够实现数据采集的设备种类有很多,大致可以分为基于移动的设备(如专用检测设备、手机、手持电脑、无人机等)和基于固定的设备(下文主要介绍物联网)两类。

2.2 基于移动设备的数据采集

移动设备又称行动装置(Mobile Device)、手持装置(Handheld Device)等,通过它可以随时随地采集、访问、获得各种数据信息。智能手机,平板电脑(Pad),各种检测、测量设备等均属于移动设备。移动设备通常具有便携性、快速机动、适应性和扩展性强等特点,但同时也存在耗电量大、往往需要人工干预等缺点。

2.2.1 专用设备测量技术

目前工程上的专业测量、检测技术基本都是利用声、光、磁、电及振动等特性来获取与待检测或待监测对象品质有关的数据信息。

依据设备所依托的技术手段或数据采集方式的差异,专用设备测量技术大体可分为波动振动类(包括冲击弹性波、超声波等)、电磁波类(包括雷达、红外线、可视光、射线等),以及其他类等。

一、波动振动技术

采用机械式激振让测试对象内部或者表面产生微小的扰动,利用振动传感器接收信号的方法称为冲击弹性波法,如图 2-2 所示为冲击弹性波检测仪。由于其具有能量大、测试距离远且适用于频谱分析等优点,正得到越来越广泛的应用。近年来多点检测的弹性波计算机断层扫描术(CT)和弹性波雷达(Elastic Wave Radar,简称 EWR)等可视化技术得到了飞跃式发展。

图 2-2　冲击弹性波检测仪

超声波法与弹性波法类似,但其激振的方式和激发的信号频率有很大区别。超声波检测仪采用压电式晶状体进行激振和接收,激发的信号频率超过 20kHz,如图 2-3 所示。该方法具有波长短、分辨率高等特点,在小型构件和金属构件检测中应用广泛。

图 2-3　超声波检测仪

二、电磁波技术

1. 地质雷达

地质雷达(图 2-4)以超高频电磁波作为探测场源,由一根发射天线向地下发射一定频率的电磁脉冲波,另一根天线接收地下不同介质界面发生的反射波;电磁波在地基或工程结构内部传播时,其传播的时间、电磁场强度和波形随地基或结构的介电常数及几何形态的差异产生变化,地质雷达根据接收的回波时间、幅度等信息可检测地基和工程结构的地层、缺陷和位置信息。

图 2-4　地质雷达

2. 合成孔径雷达

合成孔径雷达(SAR)(图 2-5)是一种高分辨率成像雷达,可以在能见度极低的气象条件下得到类似光学照相的高分辨雷达图像。利用雷达与目标的相对运动,把尺寸较小的真实天线孔径用数据处理的方法合成较大的等效天线孔径,从而大大提高分辨率。合成孔径雷达能全天候工作,有效识别伪装和穿透掩盖物,在民用与军用领域发挥着重要作用。

三维变电站——
(三维激光扫描)
三维激光建模

3. 三维激光扫描

三维激光扫描技术又称实景复制技术,其通过高速激光扫描测量的方法,大面积、高分辨率地快速获取被测对象表面的三维坐标数据,进而快速、大量地采集空间点位信息,为快速建立物体的三维影像模型提供了一种全新的技术手段,具有快速性、不接触性、实时、动态、主动性,高密度、高精度,数字化、自动化等独特优势。三维激光扫描仪如图2-6所示。相关资源见三维激光建模二维码。

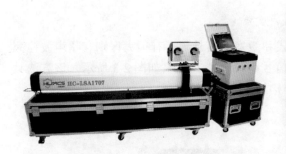

图2-5　合成孔径雷达

图2-6　三维激光扫描仪

4. 智能全站仪

目前使用的绝大多数测量仪器,其操作大多由测量员手工完成,其操作技能是通过长期实践获得的,测量精度与观测员的操作技能有很大关系,并且这种操作劳动强度比较大。为此,智能全站仪正逐渐代替传统的人工方式。智能全站仪又称测量机器人,是一种集自动目标识别、自动照准、自动测角与测距、自动目标跟踪、自动记录于一体的测量平台。其具备的电动机驱动、自动照准功能可以消除不同测量员的人为测量误差,减少测量员的工作量,而且其具有高速、自动扫描和识别棱镜,可大大提高工作效率。

目前国外的 Leica(徕卡)、Topco(拓普康)、Sokkia(索佳)、Zeiss 等品牌以及国内的多个公司均推出了该类设备,如图2-7、图2-8所示。相关资源见智能全站仪二维码。

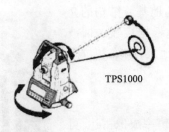

TPS1000

图2-7　自动照准识别棱镜示意图

智能全站仪(索佳ix)

图2-8　智能全站仪

2.2.2　移动个人计算机测量技术

移动个人计算机主要包括工业个人计算机(Industrial Personal Computer,简称IPC)和单片计算机两大类。IPC功能强大,但体积大、功耗高、价格贵;单片计算机则相反,但功能相对较单一。因此,可以根据不同的用途来选用。在工程测量、检测和监测领域,通过移动PC设备进行现场数据采集、处理、分析,可大大提高工作效率和自动化程度。

一、IPC

IPC是一种加固的增强型个人计算机,也叫工控机(图2-9),其具有计算机的属性和特征,如工控机具有中央处理器(CPU)、硬盘、内存、外设及接口,并有操作系统、控制网络和协议、计算能力以及友好的人机界面。由于IPC往往在特殊环境下工作或长时间开机,例如,生产线自动化设备、电信机房的数据交换机、监控设备、企业的网络安全伺服器等,必须长时间连续稳定运转而不能关机,故对所用电脑系统稳定性要求特别严格。

图2-9　工控机

因IPC工作环境的特殊性及复杂性,其与普通计算机相比具有以下特点:

(1)可靠性。IPC能在粉尘、烟雾、高/低温、潮湿、振动、腐蚀环境下稳定运行,并具有良好的可靠性。

(2)实时性。IPC通常具有遇险自复位功能,以保证系统的实时正常运行。

(3)扩充性。工业PC由于采用底板+CPU卡结构,因而具有很强的输入/输出功能,最多可扩充20个板卡,能与工业现场的各种外设、板卡(如与车道控制器、视频监控系统、车辆检测仪)等相连,以完成各种任务。

二、单片机/卡片式电脑

单片机是一种集成电路芯片,是采用超大规模集成电路技术把具有数据处理能力的中央处理器、随机存取存储器(RAM)、只读存储器(ROM)、多种输入输出(I/O)口和中断系统、定时器/计数器等功能[可能还包括显示驱动电路,脉宽调制电路,模拟多路转换器、模数转换(A/D)器等电路]集成到一块硅片上,构成一个小而完善的微型计算机系统,具有小型、成本低、功耗低等特点,在数据采集中有非常广阔的应用。最具代表性的是 Arduino 和树莓派(Raspberry Pi)。

Arduino 是一款便捷灵活、方便上手的开源电子原型平台,由一个欧洲开发团队(主要为 Massimo Banzi、David Cuartielles 等)于 2005 年冬季开发。Arduino 能通过各种各样的传感器来感知环境,并可反馈、影响环境,具有跨平台、简单清晰、开放性等特点,它不仅是全球十分流行的开源硬件,也是一个优秀的硬件开发平台,越来越多的软件开发者使用 Arduino 进入硬件、物联网等开发领域。

树莓派是由注册于英国的慈善组织 Raspberry Pi 基金会开发的,剑桥大学的 Eben Upton 为项目带头人,于 2012 年 3 月首次推出,到 2019 年已经发展到第 4 代。树莓派的外形只有信用卡大小,却具有电脑的所有基本功能。树莓派 model B + 如图 2-10 所示。相关资源见树莓派二维码。

图 2-10　树莓派 model B +

树莓派 model B + 是一款基于异步响应方式(ARM)和 Linux 的微型电脑主板,以 SD/MicroSD卡为内存硬盘,卡片主板周围有 1/2/4 个通用串行总线(USB)接口和一个 10/100 以太网接口,可连接键盘、鼠标和网线,同时拥有视频模拟信号的电视输出接口和 HDMI 高清视频输出接口,以上部件全部整合在一张仅比信用卡稍大的主板上,并具备所有 PC 的基本功能,只需接通电视机和键盘,就能实现如电子表格、文字处理、玩游戏、播放高清视频等诸多功能。

2.2.3　智能手机测量技术

随着集成芯片、无线通信网络及系统软件的迅猛发展,手机已由以电话通信为主的功能机发展到以用户体验、用户个性服务为主的智能手机,成为人们日常生活中不可或缺的部分。

智能手机由于自身带有信号采集模块和无线数据传输模块,因此,其与数据采集和传输的智能硬件之间具有极强的可拓展性。智能手机也是一种性能强、兼容性高的数据采集平台,并在各个领域都得到越来越广泛的应用。

一、音频数据采集模块

智能手机音频接口在声音信号采集、信号通信上具有低功耗、低成本、通用性好等诸多优点。手机音频接口和外设硬件的双向稳定通信是智能硬件通信方式的一大进步。智能手机音频信号采集模块在工程领域的应用大致可以分为音频信号采集分析、语音信号交互两类。其中手机声频检测技术、智能语音交互技术等都是具有代表性的应用技术。

1. 基于智能手机的声频检测技术

在工程检测中,敲击法(也称打声法、声振法),即通过敲击判定混凝土表层是否存在缺陷。手机声频检测技术就是通过智能手机的麦克风或者外置麦克风来采集人工敲击产生的振动信号,并通过智能手机对信号进行解析从而给出判定结果。

2. 智能语音交互

智能语音交互模式是一种基于语言输入及识别的新一代交互模式,智能语音交互系统的基本架构是以终端设备(例如智能手机)的语音音频输入功能采集信号,再由语音识别算法进行语音识别,识别成功后将操作指令发送给相应的业务模块。智能语音交互技术已经从早期的语音转文字发展到现在智能手机内部配置的语音助理(如 siri、小爱)等一系列智能语音交互接口,智能语音交互技术在日常生活中得到广泛应用,正逐步应用于智慧汽车、智能机器人及智慧工地等领域。

二、图像采集模块

智能手机自面世以来便具有相机功能,近年来手机摄像功能无论从硬件方面还是软件处理方面都取得了飞跃式的发展,主流的智能手机相机像素均达到了千万级别。智能手机摄像头如图 2-11 所示。

伴随着智能手机相机照相和摄像技术的提升,基于智能手机图像处理开发系统得到了广泛应用。在工程现场管理中,手机摄像功能可以用于工程现场的监督管理,并且可以实现对违规现象进行拍照上传。基于智能手机的混凝土裂缝识别效果如图 2-12 所示。

图 2-11　智能手机摄像头

目前在智能手机平台上开发的基于图像处理的混凝土结构表面裂缝识别、智能水位监测等软件已进入使用阶段。此外,智能手机携带方便,具有无线通信功能,因此,基于智能手机的图像处理应用具有广阔的发展前景。

三、卫星定位模块

卫星定位技术是一种能够实时为用户提供位置信息的技术(第2.5 节将对此进行详细介绍)。智能手机内含卫星定位模块,随着智能手机的普及,地理位置服务已经成为移动互联网时代的基本服务。手机卫星定位模块在土木工程信息化领域方面的应用包括以下两个方面。

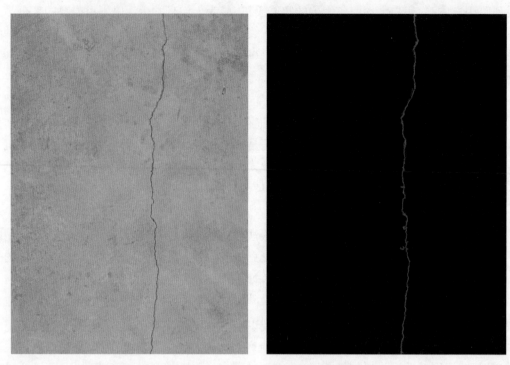

图 2-12　基于智能手机的混凝土裂缝识别效果图

1. 智慧工地中的人员定位管理系统

基于卫星定位技术开发的人员定位管理系统是土木工程信息化管理领域重要的组成部分，智能手机平台搭载的卫星模块使得这一技术有着超高的普及度。工程施工现场是一个较为封闭的区域，也是事故高发区，因此，对现场人员的管理需要十分严格。传统的填表制作耗费人力，并且无法掌握现场人员的具体动态及位置，这对于工程施工现场来说存在安全和管理隐患。因此，在智慧工地的建设中，引入手机卫星定位系统，可以实时掌握施工现场人员的分布，更加高效地对现场人员进行调控管理。

2. 智慧管理中的定位考勤系统

考勤是企业管理工作中重要的组成部分，传统的纸质考勤方式管理效率低下，指纹考勤及人脸识别考勤等虽然效率较高，但是作为企业而言需要额外购买硬件设备，并且接触式的考勤方式需要做好公共卫生防护。因此，非接触的考勤打卡管理方式逐渐成为主流，通过手机内置的卫星模块，可以很轻松地对员工位置进行定位，再通过各自手机上的管理软件来进行打卡，这样既可以实现非接触式打卡考勤，同时又可以有效避免"代考勤、伪考勤"现象，提升企业管理效率。

2.3　基于物联网设备的数据采集

物联网是指通过信息传感器、射频识别技术、卫星定位系统、红外感应器、激光扫描器等各种装置与技术，实时采集任何需要监控、连接、互动的物体或其过程中的声、光、热、电、力学、化学、生物、位置等各种有用的信息,接入网络并实时分析和控制,从而实现对物品和过程的智能化感知、识别和管理,任何时间,任何地点的人、机、物都能互联互通。

将物联网相关各种数据采集技术应用于土木工程建设和养管过程中,可以极大地提高获取数据的能力和广度。工程物联网数据采集结构如图 2-13 所示。

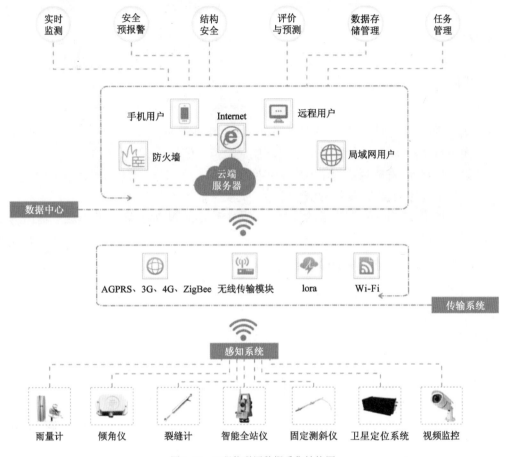

图 2-13 工程物联网数据采集结构图

2.3.1 传感器

传感器是获取被测物信息的关键器件,它与通信技术、计算机技术构成了信息技术的三大支柱,是当今物联网技术获取信息的必要手段。工程监测传感器由于需要长期放置在环境恶劣的现场,所以其在封装、采集方式与安装方法上具有特殊的属性。

一、传感器分类

根据国家标准《传感器通用术语》(GB/T 7665—2005),传感器的定义为:能感受规定的被测量元件并按照一定的规律(数学函数)转换成可用信号的器件或装置,通常由敏感元件和转换元件组成。因此可以将传感器类比成人的五大感觉器官:光敏传感器——视觉;声敏传感器——听觉;气敏传感器——嗅觉;化学传感器——味觉;压敏、温敏、流体传感器——触觉。

1. 按用途分类

按照使用的用途不同,传感器可以分为加速度传感器、速度传感器、射线辐射传感器、温度传感器、湿度传感器、位移传感器、流量传感器、液位传感器、力传感器、转矩传感器等。

2. 按原理分类

按照原理不同,传感器可以分为振动传感器、湿敏传感器、磁敏传感器、气敏传感器、真空度传感器、生物传感器、电学式传感器、光学式传感器、电势型传感器、电荷传感器、半导体传感器、谐振式传感器等。

3. 按输出信号分类

按照输出的信号类型不同,传感器可以分为以下 4 种类型:

(1)模拟传感器:将被测量的非电学量转换成模拟电信号。

(2)数字传感器:将被测量的非电学量转换成数字信号。

(3)赝数字传感器:将被测量的信号量转换成频率信号或短周期信号。

(4)开关传感器:当一个被测量的信号达到某个特定的阈值时,传感器相应地输出一个设定的低电平或高电平信号。

二、土木工程长期监测领域常用传感器

土木工程长期监测领域常用的传感器主要包括以下 6 类。

1. 静力水准仪

静力水准仪是依据连通管原理制造的一种传感器,又称连通管水准仪,其主要用于监测结构、坡面、地表的竖向位移或沉降变化。使用时,各传感器容器使用连通管连接,注入一定量的液体,并保证其可自由流动。由于各容器的液面始终保持在同一水平面,但各个容器中的液体深度并不相同,液体的深度差反映了各个容器所在的各个参考点的高程不同。当容器液位发生变化时即被传感器感应,可计算出各个静力水准仪所在位置的相对差异沉降,如图 2-14 所示。

图 2-14　静力水准仪

2.基于弦振动的应力应变传感器

弦振动法监测构件应力的基本原理是:在被测构件的适当部位固定两个短立柱作为弦的两个支点,在两支点间固定一根耐久性和防腐性均良好的弦。当在现场进行测试时,利用便携式应力测试仪可让振弦产生激振,然后测定出激振后弦的固有频率,并根据弦振动频率和被测构件应力之间的函数关系来计算并显示出构件的应力值,如图2-15所示。

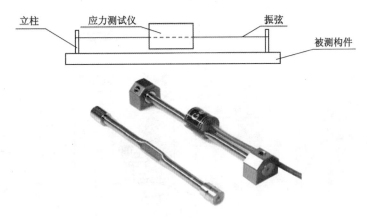

图2-15　基于弦振动的应力应变传感器

3.激光测距仪

激光具有高亮度、高定向性及高单一性的特性,可以用于如下测试。

1)激光测距

激光测距的原理很简单,即将激光对准目标发射出去,测量其往返时间再乘以光速然后除以2就可测得距离。该方法在测试距离、测量精度等方面都有很大的优势。激光测距仪如图2-16所示。

2)激光测振

激光测振是基于多普勒原理来测量物体的振动速

图2-16　激光测距仪

度。多普勒现象是指相对物体之间有电波传输时,其传输频率随瞬时相对距离的缩短和增大而相应增高和降低的现象。如果两者相互接近,观察者接收到的频率增大;如果两者远离,观察者接收到的频率减小。所测频率与波源的频率之差称为多普勒频移。仪器通过光检测器测得此频移,再经过后期处理即可得到被测对象的振动速度。

4.温湿度传感器

温度与湿度数据是工程结构健康监测系统中的重要监测参数。温度传感器种类较多,而且精度较高,常用的有电容式、热电偶式、电阻式、红外线、半导体等。湿度传感器有电容式、电解质、超声波湿度传感器等。

在工程结构健康监测系统中,环境温湿度监测通常使用电容式温湿度传感器,如图2-17所示。

图2-17　温湿度传感器

5.雨量计

降雨量是一种重要的气象要素,实时掌握监测结构所处环境的降水情况对边坡、基坑、道路等结构的运营安全都具有重要的意义。目前工程中常用的是翻斗式雨量计(图2-18),其将降雨量转换为以开关量形式表示的数字信息量输出,以满足信息传输、处理、记录和显示等需要。相关资源见翻斗式雨量计二维码。

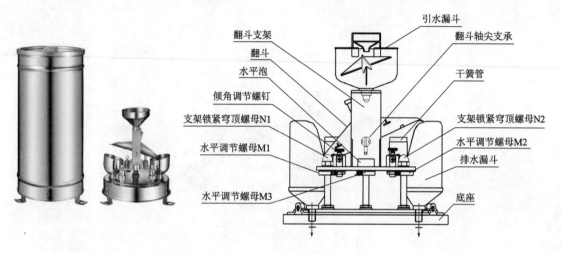

图 2-18　翻斗式雨量计

翻斗式雨量计

6.倾角传感器

倾角传感器(图2-19)是一种用来测量相对于水平面倾角变化量的加速度传感器,其基本原理是运用牛顿第二定律,通过积分的办法推算被测结构物的位移和倾角。从工作原理上倾角传感器可分为固体摆式、液体摆式和气体摆式三种。

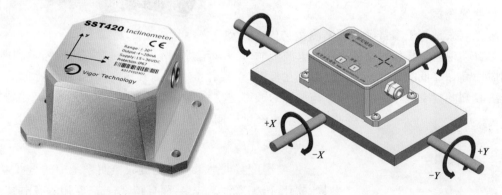

图 2-19　倾角传感器

2.3.2　图像数据采集

图像数据采集依靠视频图像采集设备,收集所需的工程现场图像及其视频流序列。图像分析主要依靠计算机视觉技术,能够从原始的视频数据中提取出符合人类认知的语义理解,即希望计算机能和人一样自动分析、理解视频数据。

一、图像数据来源

借助视频图像采集设备所获取的图像数据,主要来自对静态图像和动态图像的采集。

1. 静态图像采集

以工程建设为例,利用视频图像采集设备,如相机、手机、无人机等所拍摄的静态图片数据,或从视频录像中截取的静态图片序列等方式获得静态图像数据。

2. 动态图像采集

在工程建设中,利用监控等视频采集设备可以获得丰富的视频资源,再通过计算机相关视觉技术在视频中按需求自动识别并提取图像数据,分类保存,以此得到信息内容更加丰富的图像数据。动态图像采集是目前智慧监管在图像识别领域的研究及应用热点。

二、图像数据的分析方法

图像数据采集是视频图像处理过程的底层步骤,主要解决"目标在哪里"的问题。即从视频图像采集终端获取图像序列,对感兴趣目标进行检测和跟踪,形成目标图像数据集,为后续语义场景、行为分析等高层应用提供数据基础。图像数据的分析方法主要有以下4类。

1. 目标检测算法

目标检测算法可以从视频或者图像中发现感兴趣目标,记录目标轮廓及在当前帧所处的位置,由此截取和存储图像数据,为后续深度学习提供训练素材,是计算机视觉任务的基础。常用的目标检测算法有 Fast R-CNN、R-FCN、YOLO、SSD 和 RetinaNet 等。一般基于深度学习,经过训练得到分类器,让分类器在图像视频中作滑动窗口扫描并判断窗口是目标还是背景,最终得到感兴趣目标的位置及大小,如图 2-20 所示。

2. 目标跟踪算法

目标跟踪算法是指跟踪视频序列中感兴趣目标的位置变化,并记录感兴趣目标的运动轨迹,为后续的事件分析和行为分析奠定基础。目标跟踪的大致流程是基于卷积神经网络,使计算机自主学习得出所需采集的目标特征,由目标检测算法检测得出目标所在位置,并为识别出的目标建立唯一身份标识,最终完成对各种目标对象的跟踪记录,如图 2-21 所示。

图 2-20　基于目标建模的目标检测(围框)　　　图 2-21　目标跟踪

3.目标分类与识别算法

目标分类与识别算法是将无标签图像数据变为已标注类标签的图像数据,得到标签的图像数据可作为其他深度学习神经网络的训练素材,使数据处理更加快速和智能。

4.行为分析算法

行为分析算法旨在建立更加智能的计算机视觉系统,让计算机像人类视觉系统一样,理解目标主体在"做什么"。

三、建设工程中智能视频监控的应用

智能视频监控的应用领域极为广阔,典型的应用场景有以下两种。

1.在工程安全管理中的应用

(1)以人脸识别为基础,可以构建人员身份识别、设备权限获取等方面的系统应用,构建数字化人员安全管理系统。

(2)以人脸表情识别为基础,可以构建人员睡意监测等方面的应用,避免建设人员疲劳作业。

(3)以设备物体识别为基础,可以构建安全装备检查、车辆出入权限管理等相关应用,对接近施工危险区域(如洞口、基坑、高空坠落事故多发区)发出示警,以及塌方检测等。

2.在工程结构缺陷检测中的应用

近年来,在利用图像识别技术对工程结构缺陷进行检测的应用探索中,以结构裂缝检测、结构渗水、路面破损识别和检测等为代表的智慧监管应用引起了人们的广泛关注并逐步投入到工程实践中。

2.4 基于无人机的数据采集

无人机全称无人驾驶飞行器(UAV),广义上为不需要驾驶员驾驶的飞机。与传统飞机相比,其具有操作成本低、运用弹性大及支援装备少等特性。随着技术的不断进步和成本的不断降低,近年来,无人机的应用呈爆发性增长。

在土木工程领域,主要使用无人机进行低空摄影。土木工程施工现场往往因环境复杂,存在施工过程观察不便、施工局部环境信息获取困难等问题。采用无人机系统作为工程施工现场数据采集和管理的平台,通过航拍获取图像数据,然后将施工现场全场要素信息进行三维实景重构,进而监督施工现场的施工进度、材料堆放状态、安全通道是否畅通等,为施工管理人员指挥现场工作提供依据,实现工程各施工节点的全局定位、联合管理和安全监督。

2.4.1 利用无人机摄影测量构建三维模型基本原理

无人机所采集的航拍图像中包含影像信息和方位信息,通过对这两方面的信息进行数据处理,可构建现场三维模型并作为管理的基础。其主要处理步骤如图 2-22 所示。

1.影像预处理

三维航拍影像的预处理包括图像的畸变校正和匀光匀色处理。航拍图像主要受相机系统安装误差和镜头畸变的影响,使所拍摄的图像存在主点偏移及图像边缘畸变,因此,需要通过相机的内方位元素对相机进行畸变校正。另外,由于光照条件等的影响,会导致航拍的图像之间存在颜色、对比度、明暗等方面的差异,需要对图像进行匀光匀色处理。

2.空中三角测量联合平差

由无人机搭载相机云台采集目标物不同角度的多视影像,经多视影像联合平差来保证平差结果精度。多视影像联合平差基于多视图的几何原理,结合无人机定位测姿系统(POS)提供的外方位元素,充分考虑了不同镜头影像间的联系和遮挡关系匹配获取同名点,建立误差方程,联合解算以保证平差精度。

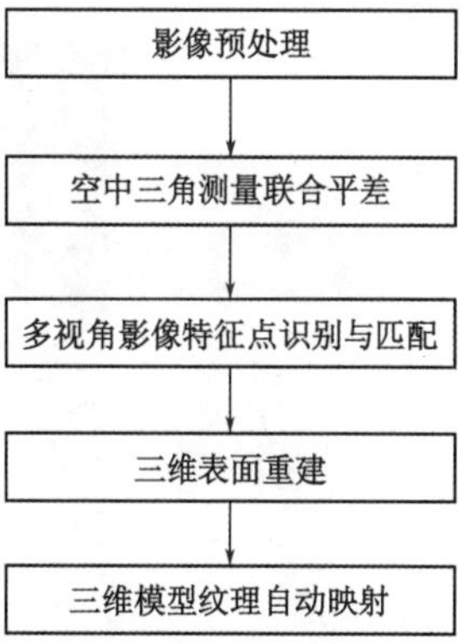

3.多视角影像特征点识别与匹配

多视影像数据包含目标物的多个视角下的图像信息,包含目标物侧面和顶面的全方位信息。基于无人机定位系统记录像机曝光时的位置信息,在多视角相邻航拍图像的重叠区域进行同名点的提取匹配。利用多视影像视角广、可采集大范围图像信息的优点,将多张航拍影像同时进行匹配,以增加观测量、提高匹配精度,例如像方基元与物方基元,以减少影像的匹配错误率,减少信息盲区。

4.三维表面重建

由于三维实景重构模型的本质为网络面模型,且计算得到的点云均具有位置信息,所以,基于特征点匹配计算得到的是目标建筑物的密集点云,借此可建立规则和不规则三角网,通常用区域增长算法建立不规则三角网,用以实现目标建筑物、地形等三维结构的整体表达。

5.三维模型纹理自动映射

在三维的三角网白模上建立与二维纹理的对应关系,并将二维图像上的颜色与灰度信息映射到三维模型,实现三维模型的真实彩色效果。计算过程中是根据模型面角点的物方坐标计算模面在每张影像上的投影点坐标,经筛选计算出纹理投影坐标,实现纹理映射。

无人机航拍在建设工程中应用很广,通过施工现场的三维实景模型,一方面可服务于现场文明施工管理,例如施工材料是否规范摆放,消防安全通道是否存在障碍物,交通安全设施布置是否满足设计及规范要求等;另一方面,利用高精度三维模型,还可服务于工程实体的施工质量安全管理,例如桥梁结构构件的变形监测、边坡变形监测等。

2.4.2　利用无人机影像构建三维模型的具体流程

下面结合某边坡的变形监测,对无人机影像构建三维模型的流程进行讲解。

1.控制点布置

标志牌的摆放位置为高边坡左侧,沿碎落台摆放,间隔为 5～15m,摆放位置为 5～8 级边坡碎落台,具体摆放位置如图 2-23 所示。

2.控制点坐标测量

采用全站仪等设备测量经纬度坐标、高程等。现场控制点测量如图 2-24 所示。

图 2-22　航拍图像的主要处理步骤

影像预处理
空中三角测量联合平差
多视角影像特征点识别与匹配
三维表面重建
三维模型纹理自动映射

图 2-23 标志牌布置设计与摆放

图 2-24 现场控制点测量

2.4.3 航线规划与影像采集

航线规划对摄影质量有很大影响,通常需要利用软件进行航线规划。其中,Altizure 软件是一款优秀的飞控及航线软件,支持 DJI 等多款型号的无人机。飞行前需要在软件提供的地图上规划需要建模的航拍区域,设定飞行高度、影像重叠度及相机倾斜角度等参数,软件会自动生成 1 次正摄和 4 次倾斜摄影的飞行路线,并能预估飞行时长,且能实现智能续飞。

在图 2-25 中,中间航线(图中 4 圆点间的正方形区域)用于获取正摄影像,上、下、左、右航线分别获取倾角为 40°的南、北、东和西 4 个方向的多视影像。试验飞行航高为 60m,航向与旁向重叠度均为 80%,8 个航次耗时 120min,共获取研究区 421 张影像。多视影像清晰可见,不仅显示建筑物顶面信息,还包含丰富的侧面纹理,为后续三维模型建立及纹理提取奠定了数据基础。

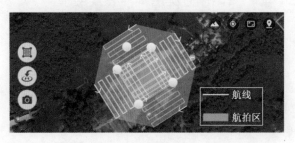

图 2-25 航线规划

2.4.4 三维模型构建

1. 空中三角测量

空中三角测量是三维重建中最基础的步骤,从多视影像中提取大量特征点,同时结合影像的卫星位置信息利用高效匹配算法进行特征点的快速匹配。在此基础上,利用迭代光束平差过程生成研究区的稀疏点云,并同时求解相机的内、外方位元素,完成空中三角测量,测量结果如图2-26所示。相关资源见无人机三维建模二维码以及无人机线路勘察设计二维码。

图 2-26 空中三角测量结果

2. 密集匹配与模型构建

由于初始匹配得到的点云过于稀疏,无法构建高精度的模型,所以需要对点云进行扩展、滤波和优化,以获得加密点云。首先,利用密集匹配技术将稀疏点云扩展到相邻像素,得到密集点云;其次,通过滤波算法剔除存在于地物模型内、外部的误差点,优化结果;最后,根据地物复杂度对密集点云进行删减优化,并构建不同尺度下的三角网,获得优化后的模型如图2-27所示。

3. 纹理贴合

纹理贴合对提高多视影像的拼接质量非常有效。首先,对三维模型和纹理影像配准,通过摄影测量的计算机视觉原理,建立空间地物点到各影像的投影关系,从而确立模型中各三角形与多视影像的投影关系,筛选出面积最大、效果最优、无遮蔽的目标影像;然后,将其反投影到模型的三角面上,实现三维模型的纹理贴合;最终,反演出被监测边坡的三维模型,如图2-28所示。

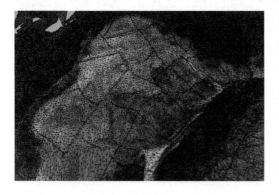

图 2-27 加密点云与 DSM 模型

图 2-28 三维模型成果

2.4.5　结果及分析

采用上述方法,对该边坡定期进行观测,图 2-29 中的两个图将两个不同日期的地形数据进行了对比。通过对比,我们可以识别该时间段边坡变形的情况,识别分析结果如图 2-29 所示。从图中可以发现,前后两次测量得到的上部 4 级边坡形状没有明显改变,边坡变形在可控制范围内。

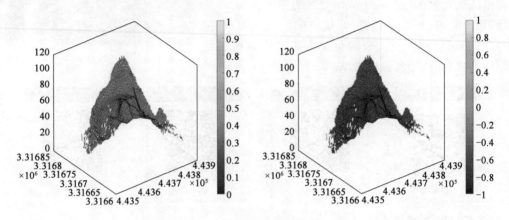

图 2-29　边坡变形分析结果

2.5　基于卫星定位的信息采集

在日常生活中,如导航、航空、航海等都会大量用到定位信息。在工程上,特别是一些对重要物体移动轨迹比较重视的场景下,定位信息十分重要。

2.5.1　定位系统及原理

定位信息离不开卫星导航系统,目前全球卫星导航系统共有 4 个,分别是美国的 GPS、欧洲的 Galileo、俄罗斯的 GLONASS 和我国的北斗导航卫星系统(BDS)。

卫星导航系统实现定位的主要原理是测量出已知位置的卫星到用户接收机之间的距离,然后综合多颗卫星的数据,从而确定接收机的具体位置。

北斗导航卫星系统是我国自行研制的全球卫星导航系统,由空间段、地面段和用户段 3 部分组成,可在全球范围内全天候、全天时为各类用户提供高精度、高可靠定位、导航、授时等服务,如图 2-30 所示。

1. 北斗导航卫星系统的特点

(1)北斗导航卫星系统空间段采用 3 种轨道卫星组成的混合星座,与其他卫星导航系统相比高轨卫星更多,抗遮挡能力更强,尤其在低纬度地区性能优势更为明显。

(2)北斗导航卫星系统可提供多个频点的导航信号,能够通过多频信号组合使用等方式提高服务精度。

（3）北斗导航卫星系统创新融合了导航与通信能力,具备定位导航授时、星基增强、地基增强、精密单点定位、短报文通信和国际搜救等多种服务能力。

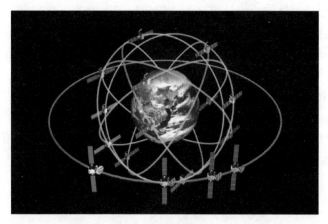

图 2-30　BDS

2. 北斗导航卫星系统的发展

北斗导航卫星系统的发展经历了以下 3 个阶段:

第一阶段:建设北斗一号系统。1994 年,启动北斗一号系统工程建设;2000 年,发射 2 颗地球静止轨道卫星,建成系统并投入使用,采用有源定位体制,为中国用户提供定位、授时、广域差分和短报文通信服务;2003 年发射第 3 颗地球静止轨道卫星,进一步增强系统性能。

第二阶段:建设北斗二号系统。2004 年,启动北斗二号系统工程建设;2012 年底,完成 14 颗卫星(5 颗地球静止轨道卫星、5 颗倾斜地球同步轨道卫星和 4 颗中圆地球轨道卫星)发射组网,实现为亚太地区用户提供定位、测速、授时和短报文通信服务。

第三阶段:建设北斗三号系统。2009 年,启动北斗三号系统建设;到 2020 年 6 月 23 日,完成最后一颗组网卫星发射,实现 30 颗卫星发射组网,全面建成北斗三号系统。能够为全球用户提供基本导航(定位、测速、授时)、全球短报文通信、国际搜救服务,中国用户还可享有区域短报文通信、星基增强、精密单点定位等服务。

北斗导航卫星系统促进了我国卫星导航产业链的形成,形成了完善的国家卫星导航应用产业支撑、推广和保障体系,推动了卫星导航在国民经济社会各行业的广泛应用,其在个人位置服务、气象应用、道路交通管理、铁路智能交通、海运和水运、航空运输、应急救援、农牧业等诸多领域均发挥着重要的作用。BDS 对国家安全保障、社会经济发展、科学技术储备和进步都有着重要的意义。

2.5.2　高精度定位信息及应用

由于大气层的干扰,卫星到用户接收机的距离测量误差会非常大。例如,单纯用一块卫星接收装置(如手机),其对位置的定位误差在数米乃至数十米。

在工程应用中为了得到高精度的定位信息,需要借助更加精密的定位技术,其中比较重要的方法是差分处理技术。差分处理技术是将一台卫星接收机安置在基准站上进行观测,根据基准站已知精密坐标与卫星接收机计算坐标之间的相对误差计算修正量。用户接收机在进行卫星观测的同时,也接收到基准站发出的修正量,并对其定位结果进行改正,从而提高定位精度。

实时动态(RTK)载波相位差分技术是一种新型卫星定位测量方法,其测量示意图如图 2-31 所示。该方法将基准站采集的载波相位发给用户接收机,利用用户接收机和流动站的相位来求差,解算被测目标的坐标。RTK 能够在野外实时得到厘米级的定位精度,极大地提高了作业效率,是卫星定位应用的重大里程碑。基站 RTK 技术具有覆盖面广且在山区也适用的特点,但 RTK 技术需要导入基站,费用较高。

图 2-31　RTK 测量示意图

相比 RTK 技术,千寻网络差分无须基站而采用千寻已有基站,模块通过接入 4G 物联网卡,从千寻服务器获取基站数据并进行差分。该方式成本较低,但在山区、荒漠等区域一般不适用。

一、系统组成

RTK 系统主要由一个参考站(基准站)和若干个流动站组成,如图 2-32 所示。

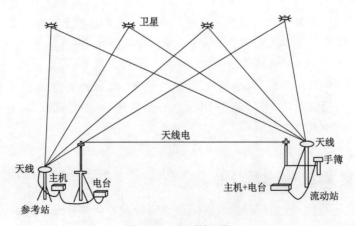

图 2-32　RTK 系统组成

二、RTK 技术中的差分方式

RTK 差分计算有两种方式:一种是采用本地差分,该方式需要在场地附近建立基站。移动站作为测量设备,通过电台与基站进行本地差分,差分比较稳定且适用范围广,但由于需要架设基站,会增加整体系统的成本。另一种是采用网络差分,这种方式不需要在本地架设服务器,而是通过移动网络与差分服务器(如移动通信基站)进行差分,定位精度同样能达到厘米级,甚至是毫米级。

网络差分技术需要接入网络差分服务器提供商,目前网络差分服务器提供商中,千寻的定位技术比较成熟,在较大范围内都能提供高精度的定位服务。其基于北斗卫星导航系统(兼容GPS、GLONASS、Galileo)基础定位数据,利用遍及全国的超过 2200 个地基增强站及自主研发的定位算法,通过互联网技术进行大数据运算,为遍布全国的用户提供精准定位及延展服务。

三、高精度位置信息的应用

1. 在测量中的应用

传统的大地测量、工程控制测量采用三角网、导线网方法来施测,不仅费工而且费时,要求测点间通视,而且精度分布不均匀。而采用 GPS-RTK 进行控制测量,能够实时了解定位精度,可大大提高作业效率。与传统控制测量相比,GPS-RTK 测量具有效率高、误差累积少(各流动站之间不存在误差累积)等优点,在一些精度要求不太高的控制测量中被广泛应用。

2. GPS-RTK 在放样工作中的应用

放样是测量的一个应用分支,它要求通过一定方法采用一定仪器把人为设计好的点位在实地标定出来。过去多采用常规的放样方法,如经纬仪的交会放样、全站仪的边角放样等,但生产效率都较低。GPS-RTK 技术放样仅需把设计好的点位坐标输入到电子手簿中,背着 GPS接收机,它会提醒用户走到要放样点的位置,既迅速又方便。

3. GPS-RTK 在连续压实控制中的应用

在填方施工中,压路机的碾压轨迹(遍数、位置等)对工程质量有很大的影响。通过 GPS-RTK 技术,可实时监测压路机的轨迹,进而有效判断路基碾压施工是否合规,是否存在漏碾等情况,具体见本书第 5.2.2 节。

2.5.3　构件及室内定位系统

室内定位是指在室内环境中实现位置定位,主要采用无线通信、基站定位、惯导定位、动作捕捉等多种技术集成形成一套室内位置定位体系,从而实现人员、物体等在室内空间中的位置监控。

典型的室内定位系统主要包含以下技术:无线局域网定位、蓝牙定位、红外定位、超声波定位、超宽带定位和射频识别定位。

1. 无线局域网定位

通过无线接入点(包括无线路由器)组成的无线局域网络(WLAN),可以完成复杂环境中的定位、监测和追踪任务。它以网络节点(无线接入点)的位置信息为基础和前提,采用经验测试和信号传播模型相结合的方式,对已接入的移动设备进行位置定位。无线局域网定位系统由定位标签、局域网接入点、定位服务器等组成,其系统结构图 2-33 所示。

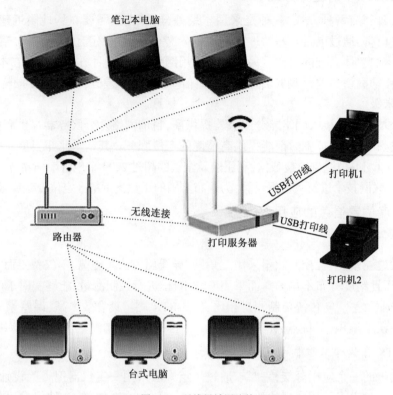

笔记本电脑

USB打印线 打印机1

无线连接

USB打印线

路由器 打印服务器 打印机2

台式电脑

图 2-33　无线局域网连接

无线局域网定位的最高精确度为 $1 \sim 20m$。另外,Wi-Fi 接入点通常都只能覆盖半径 90m 左右的区域,而且很容易受到其他信号的干扰,其能耗也较高。

2. 蓝牙定位

蓝牙通信是一种短距离低功耗的无线传输技术,在室内安装适当的蓝牙局域网接入点后,将网络配置成基于多用户的基础网络连接模式,并保证蓝牙局域网接入点始终是这个微网络的主设备。这样通过检测信号强度就可以获得用户的位置信息。

蓝牙定位主要应用于小范围定位,例如:单层大厅或仓库。对于持有集成了蓝牙功能移动的终端设备,只要设备的蓝牙功能开启,蓝牙室内定位系统就能够对其进行位置判断。不过,对于复杂的空间环境,蓝牙定位系统的稳定性稍差,受噪声信号干扰大。

蓝牙定位系统主要由三个部分组成:定位标签、蓝牙网关、定位服务器。其系统结构图 2-34所示。

3. 红外定位

红外线技术室内定位是通过安装在室内的光学传感器,接收各移动设备(红外线 IR 标识)发射调制的红外射线进行定位,具有相对较高的室内定位精度。但是,由于光线不能穿过障碍物,因此红外射线仅能视距传播,容易受其他灯光干扰,并且红外线的传输距离较短,使其室内定位的效果很差。当移动设备放置在口袋里或者被墙壁遮挡时,就不能正常工作,需要在每个房间、走廊安装接收天线,导致总体造价较高。

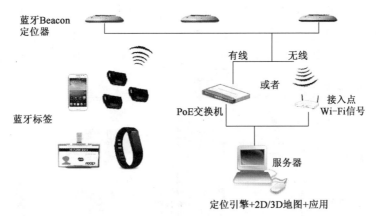

图 2-34 蓝牙系统构成

4. 超声波定位

超声波定位的原理与无线电定位系统相仿,超声波定位主要采用反射式测距(发射超声波并接收由被测物产生的回波后,根据回波与发射波的时间差计算出两者之间的距离),并通过三角定位等算法确定物体的位置,测距精度为厘米级。由于超声波在空气中的衰减较大,传播距离一般只有几十米,因此只适用于较小的范围。

超声波定位整体定位精度较高、系统结构简单,但容易受多径效应和非视距传播的影响,降低定位精度。目前,超声波定位系统常用于无人车间等场所中的移动物体定位。

5. 超宽带定位

超宽带(Ultra wideband,简称 UWB)定位技术是无线电领域的一次革命性进展,有望成为未来短距离无线通信的主流技术。UWB 定位过程中,先确定一个参照标签的具体位置,然后,通过四周安装好的接收器得出目标携带的 UWB 标签相对于参照标签的位置信息,最终实现定位。UWB 采用纳秒和纳秒水平下非常窄的脉冲传输,具有能耗少、稳定性好、结构简单、造价低、定位准确等优点,适用于几米到几十米范围内的定位。其系统架构如图 2-35 所示。

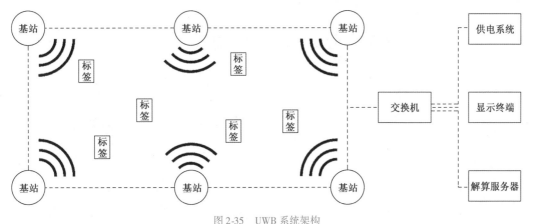

图 2-35 UWB 系统架构

6. 射频识别定位

无线射频识别即射频识别技术,是自动识别技术的一种,通过无线射频方式进行非接触双向数据通信,利用无线射频方式对记录媒体(电子标签或射频卡)进行读写,从而达到识别目标和数据交换的目的。其往往可以采用近邻法、多边定位法、接收信号强度等方法确定标签所在位置。射频识别技术被认为是 21 世纪最具发展潜力的信息技术之一,其系统结构如图 2-36 所示。

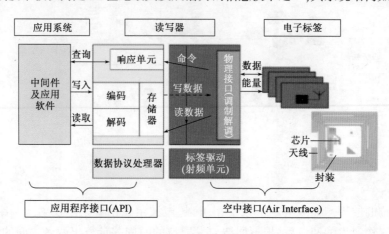

图 2-36　RFID 系统构成

此外,近场通信(Near Field Communication,简称 NFC)技术,是由非接触式射频识别及互联互通技术整合演变而来的,其通过在单一芯片上集成感应式读卡器、感应式卡片和点对点通信等功能,利用移动终端实现移动支付、电子票务、门禁、移动身份识别、防伪等功能,近年来得到了迅猛的发展。

上述各种室内定位方式均有其优缺点,在应用过程中需要根据工程现场实际需求进行选择。

2.6　数据传输

在工程建设和养管过程中,将前端采集设备获取的数据及时、可靠、有效、稳定地传输到云端服务器,是保证后续数据分析、安全评估、准确预警、有效决策的重要环节。因此,选取与实际工程项目需求相匹配的数据通信技术,对于工程建设安全保障和实施有效管理有着重要意义。

数据传输系统主要包括通信网络和通信协议。

2.6.1　通信网络

在通信网络中,习惯把计算机、终端、通信处理器、传感器单元等设备抽象成点,把连接这些设备的通信通道抽象成线,进而形成网络(拓扑)结构。常见的网络(拓扑)结构有总线形、星形、环形和网状形等。

此外,计算机网络一般可分为物理层、数据链路层、网络层、传输层和应用层五层结构框架,此框架中的每一层都需要进行协议或者方法的选择。

2.6.2　通信协议

通信协议是数据传输网络的基础,协议的选择决定了数据传输的实时性和稳定性。

目前,对于网络层,无论是互联网还是局域网均普遍使用互联网协议(IP)作为连接基础,每台计算机身处不同的网络中,均有自己独立的 IP 地址,对应每个 IP 地址最多可以有 65535 个虚拟通信端口(PORT)。人们通过合理设置 IP 地址和 PORT,可以在局域网中识别所需的数据采集单元,通过 PORT 建立数据连接就可以和数据采集单元建立一一对应的通信。

在传输层,主要可以选择的协议有用户数据报协议(UDP)和传输控制协议(TCP)。UDP 协议简单、无连接的特点使其有较高的传输效率;TCP 协议则具有可靠的、按序递交的传输特征,因而具有较高的可靠性和安全性。两种协议各有优势,其优势都是大型工程结构远程健康监测系统中需要的,因此,应根据不同的传输位置和目的混合使用两种协议。

对于传感器的数据通信,必须先将数据采集单元的各类通信口,如 RS-485、RS-232、USB、串口等的数据通过网络转化为 TCP/IP 网络数据,这些网络转化器不需要借助计算机而直接和数据采集单元相连。

在应用层,文件传送协议(FTP)和超文本传送协议(HTTP)是常见的用于数据传输的协议,其中 FTP 是 TCP/IP 协议组的协议之一,需要一个服务器和至少一个客户端。FTP 协议适合大文件的传输,不适合大量碎小文件的传输,因此,如果采用此方法进行系统传感器数据传输,需要数据被高度打包才能发挥协议优势。HTTP 协议则是为了解决网页超文本数据传输的协议,具有高效、可靠的特征。

对于数据协议,人们常采用自定义的二进制方法进行存储,可节约存储空间,增强传输效率。近年来也有数据存储协议标准被提出,其中可适用于结构远程健康监测系统的协议有简单对象访问协议、消息队列遥测传输协议、实时传输协议等,这些协议各有特点和优势,可根据具体应用需求进行选择。

2.6.3 通信技术

通信技术根据传输介质可分为有线通信和无线通信两种。

有线通信是指利用金属导线、光纤等有形媒质传送信息的技术。有线通信介质主要包括共轴线缆、双绞线、光纤等。

无线通信主要是利用电磁波信号在空间中传播而进行信息交换的通信技术,进行通信的两端之间无须有形的媒介连接。例如,可见光通信和量子通信技术均属于无线通信方式。

一般来讲,有线通信具有可靠性高、稳定性好等优点,缺点是其连接受限于传输媒介。而无线连接自由灵活,终端可以移动,没有空间限制,但可靠性受传输空间里的其他电磁波的影响,因而低于有线传输方式。

物联网通信技术也可划分为移动空中网、有线传输、传统互联网、近距离线传输等方式,如图 2-37 所示。

1. 有线通信技术

1)以太网

以太网是目前十分普遍的一种局域网通信技术,它规定了包括物理层的连线、电子信号和介质访问层协议的内容。以太网使用双绞线作为传输媒介,在没有中继的情况下,最远可以覆盖 200m 的范围,最普及的数据传输速率为 100Mb/s。

2）串口通信

串口也称串行通信接口（通常指 COM 接口），是一种通用的用于设备之间的通信接口，也广泛用于设备与仪器仪表之间的通信。常见的串口有 RS-232（使用 25 针或 9 针连接器）、工业电脑应用的半双工 RS-485 与全双工 RS-422 和 USB。

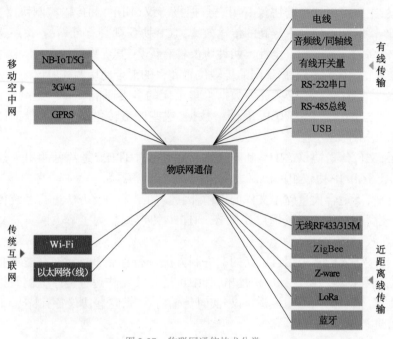

图 2-37　物联网通信技术分类

2. 无线通信技术

1）无线保真（Wi-Fi）

无线保真是一种基于 802.11 协议的无线局域网接入技术，其突出的优势在于它有较广的局域网覆盖范围，其覆盖半径可达约 100m；同时，其传输速度可以达到 11Mb/s 或更高，适合高速数据传输。此外，Wi-Fi 发射功率一般为 60～70mW，辐射较小，能耗也较低。

2）4G 网络

4G 通信具有非对称的超过 2Mb/s 的数据传输能力，数据率超过通用移动通信业务（UMTS），是支持高速数据率（2～20Mb/s）连接的理想模式，上网速度可从 2Mb/s 提高到 100Mb/s，且具有不同速率间的自动切换能力。4G 网络还具有网络频谱宽、通信灵活、兼容性好等特点。

3）5G 网络

5G 技术的峰值速率将从 4G 的 100Mb/s 提高到几十 Gb/s，可支持的用户连接数也大幅增长，可以更好地满足物联网这样的海量数据接入场景。同时，端到端延时将从 4G 的十几毫秒减少到 5G 的几毫秒。2019 年 6 月 6 日起，工业和信息化部正式向中国电信、中国移动、中国联通、中国广电发放 5G 商用牌照，中国正式进入 5G 商用元年。

4）蜂舞协议（ZigBee）

ZigBee 一般工作在 2.4GHz ISM 频段，但它也可以在 902～928MHz 和 868MHz 频段中使

用。在2.4GHz频段中数据速率是250Kb/s。它可以用在点到点、星形和网格配置中,支持节点多达216个。其安全性是通过AES-128加密来保证的。ZigBee技术的功耗比较小,通信距离也比较短,是一种短距离、低功耗技术。

5)远距离无线电和窄带物联网

远距离无线电(Long Range Radio,简称LoRa)是由美国Semtech公司开发的一种低功耗局域网无线标准,其典型工作频率在美国是915MHz,在欧洲是868MHz,在亚洲是433MHz。LoRa的物理层(PHY)使用了一种独特形式的带前向纠错(FEC)的调频啁啾扩频技术。这种扩频调制允许多个无线电设备使用相同的频段,只要每台设备采用不同的啁啾和数据速率即可。其典型范围是2~5km,最长距离可达15km,具体取决于所处的位置和天线特性。

窄带物联网(Narrow Band Internet of Things,简称NB-IoT)构建于蜂窝网络,只消耗大约180kHz的带宽,可直接部署于全球移动通信系统(GSM)网络、UMTS网络或长期演进技术(LTE)网络,支持低功耗设备在广域网的蜂窝数据连接,也被叫作低功耗广域网(LPWAN)。NB-IoT支持待机时间长、对网络连接要求较高的设备的高效连接。

NB-IoT和LoRa同为低功耗广域网(LPWAN)技术,均适合于物联网远程监测,两者最大的区别在于运营模式不同。NB-IoT是运营商建网,也就是说数据需要通过运营商的基站传输。而LoRa属于自建网,用户不仅需要LoRa模组,还需要相应的基站。由于NB-IoT和LoRa的功耗、成本相差不大(目前LoRa略微占优势),对于土木工程相关的监测,若在市内等通信条件较好的区域,NB-IoT和LoRa均为可选项,而若在山区、野外等通信条件较差的区域,则LoRa显然更为适合。

上述各种通信方式均有其优缺点,应用过程中需要根据工程现场实际需求进行选择。

“1＋X”考证训练题

本教材将“1＋X”职业技能等级证书标准有关内容要求有机融入教材,下列试题与“1＋X”路桥工程无损检测职业技能等级证书考核密切相关。其中选择、判断题对应中级证书,思考题对应高级证书(高级覆盖中级)。任课教师可根据课程需要,因材施教,梯度教学。

一、单选题

1.以下哪种设备采用了波动振动技术(　　　)。
　　A.冲击弹性波检测仪　　　　　　　　　B.地质雷达
　　C.智能全站仪　　　　　　　　　　　　D.地下水位传感器
2.超声波检测仪激发的信号频率超过(　　　)。
　　A.15kHz　　　　　B.18kHz　　　　　C.20kHz　　　　　D.50kHz
3.测量雨量时,用以下哪种传感器(　　　)。
　　A.静力水准仪　　　B.激光测距仪　　　C.雨量计　　　　D.倾角传感器
4.静力水准仪主要用于测量什么参数(　　　)。
　　A.沉降　　　　　　B.应变　　　　　　C.温度　　　　　D.风速
5.监测桥梁的应力应变常用以下哪种传感器(　　　)。
　　A.静力水准仪　　　B.激光测距仪　　　C.雨量计　　　　D.应变计

6. 激光传感器主要用来测量以下哪种参数(　　)。

    A. 测距　　　　　　　B. 测温度　　　　　　C. 测应变　　　　　　D. 测压力

7. 温湿度传感器除了测量温度参数外还可以测量(　　)。

    A. 沉降　　　　　　　B. 风速　　　　　　　C. 湿度　　　　　　　D. 挠度

8. 倾角传感器运用了什么原理(　　)。

    A. 阿基米德原理　　　　　　　　　　B. 测不准原理

    C. 牛顿第二定律　　　　　　　　　　D. 泡利不相容原理

9. 无线局域网定位的最高精度在(　　)之间。

    A. 1～80m　　　　　　B. 1～20m　　　　　　C. 0.5～40m　　　　　D. 3～60m

10. Wi-Fi 是一种基于(　　)协议的无线局域网接入技术。

    A. 802.11　　　　　　B. 802.12　　　　　　C. 802.13　　　　　　D. 802.14

11. 在应用层,常见的用于数据传输的协议除了超文本传送协议(HTTP),还有(　　)。

    A. 文件传送协议(FTP)　　　　　　B. 互联网协议(IP)

    C. RS-485　　　　　　　　　　　　D. RS-232

12. 我国的北斗导航系统于何时启动建设(　　)。

    A. 1992 年　　　　　　B. 1993 年　　　　　　C. 1994 年　　　　　　D. 1995 年

13. RTK 差分计算方式除了本地差分外,还有(　　)。

    A. 模拟差分　　　　　B. 网络差分　　　　　C. 单端差分　　　　　D. 应用差分

14. 远距离无线电(LoRa)在亚洲的典型工作频率是(　　)。

    A. 915MHz　　　　　　B. 868MHz　　　　　　C. 433MHz　　　　　　D. 733MHz

15. 对于每个互联网协议(IP)地址,最多可以有(　　)个虚拟通信端口。

    A. 65533　　　　　　　B. 65534　　　　　　　C. 65536　　　　　　　D. 65535

二、多选题

1. 以下哪些数据采集设备运用了电磁波技术(　　)。

    A. 三维激光扫描仪　B. 地质雷达　　　　　C. 超声波检测仪　　　D. 智能全站仪

2. 传感器按输出信号可分为哪几类(　　)。

    A. 模拟传感器　　　　B. 数字传感器　　　　C. 赝数字传感器　　　D. 开关传感器

3. 定位信息离不开卫星导航系统,目前全球导航卫星系统有哪些(　　)。

    A. GPS　　　　　　　B. Galileo　　　　　　C. GLONASS　　　　　D. BDS

4. 典型的室内定位系统包含以下哪些技术(　　)。

    A. 无线局域网定位　B. 蓝牙定位　　　　　C. 红外定位　　　　　D. 超声波定位

5. 图像数据的分析方法包含以下哪几类(　　)。

    A. 目标检测算法　　　　　　　　　　B. 目标跟踪算法

    C. 目标分类与识别算法　　　　　　　D. 行为分析算法

6. 传感器分类方法有(　　)。

    A. 按用途分类　　　　B. 按原理分类　　　　C. 按大小分类　　　　D. 按输出信号分类

7. 以下哪些通信技术属于有线通信技术(　　)。

    A. 以太网　　　　　　B. 串口通信　　　　　C. 4G 网络　　　　　　D. 无线宽带

8. 无人机三维模型构建包含哪几个步骤(　　　)。

    A. 空中三角测量　　　　　　　　　B. 控制点布置

    C. 密集匹配与模型构建　　　　　　D. 纹理贴合

9. 物联网通信技术又可划分为哪几种方式(　　　)。

    A. 移动空中网　　　　B. 有线传输　　　　C. 传统互联网　　　　D. 近距离线传输

10. 常见的串口有哪些(　　　)。

    A. RS-232　　　　　B. RS-485　　　　C. RS-422　　　　D. USB

三、判断题

1. 冲击弹性波检测仪与超声波检测仪原理相同。　　　　　　　　　　　　(　　　)

2. 合成孔径雷达(SAR)是一种高分辨率成像雷达,可以在能见度极低的气象条件下得到类似光学照相的高分辨雷达图像。　　　　　　　　　　　　　　　　(　　　)

3. 在传输层,主要可以选择的通信协议有用户数据报协议和传输控制协议。(　　　)

4. 以太网最远可以覆盖800m的范围,最普及的数据传输速率为200Mb/s。(　　　)

5. 蓝牙通信是一种长距离低功耗的无线传输技术。　　　　　　　　　　(　　　)

6. 美国的GPS卫星导航系统是目前全球位移的导航系统。　　　　　　　(　　　)

7. 数据采集(DAQ),又称数据获取,是指从传感器和其他设备中自动采集非电量或电量信号,送到上位机中进行分析、处理。　　　　　　　　　　　　　　　(　　　)

8. Arduino和树莓派是同一家公司的产品。　　　　　　　　　　　　　(　　　)

9. RTK系统主要由一个参考站(基准站)和若干个流动站组成。　　　　(　　　)

10. 基于智能手机的声频检测技术目前只处于理论阶段,还未有成品应用。(　　　)

四、思考题

1. 简述工控机的特点。

2. 智能视频监控在工程安全管理中有哪些应用。

3. 简述无人机摄影测量构建三维模型的基本原理。

4. 简述北斗导航系统的原理及特点。

5. 通信技术根据传输介质可分为哪几类,其优缺点各有哪些?

本章参考文献

[1] 黄凯奇,陈晓棠,康运锋,等.智能视频监控技术综述[J].计算机学报,2015,38(6):1093-1118.

[2] HARITAOGLU I,HARWOOD D,DAVIS L. W4S:A real time system for detecting and tracking people in 21/2D//Proceedings of the 3rd Intenet Conference on Automatic Face and Gesture Recognition[J]. Nara,Japan,1998:877-892.

[3] 张宇峰,李贤琪.桥梁结构健康监测与状态评估[M].上海:上海科学技术出版社,2018.

[4] 徐争荣."互联网+"时代传统行业的创新与机遇分析[J].互联网天地,2015(5):1-5.

[5] 李宗恒,李俭伟.主要智能手机操作系统发展现状及前景展望[J].移动通信,2010,34(Z1):115-118.

[6] 温敏,艾丽蓉,王志国. Android 智能手机系统中文件实时监控的研究与实现[J].科学技术与工程,2009,9(7):1716-1719+1724.

[7] 曾卓乔.一种不测定初始值的近景摄影测量微机程序[J].测绘学.1990,19(4):298-306.

[8] 于承新,徐芳,黄桂兰.近景摄影测量在钢结构变形监测中的应用[J].山东建筑工程学院学报.2000(4):1-7.

[9] 王秀美,贺跃光,曾卓乔.数字化近景摄影测量系统在滑坡监测中的应用[J].测绘通报.2002(2):28-30.

[10] 寇新建,宋计棉.数字化摄影测量及其工程应用[J].大坝观测与土工测试,2001,25(1):33-35.

[11] 项鑫,王艳利.近景摄影测量在边坡变形监测中的应用[J].中国煤炭地质.2010,22(6):66-69.

[12] 李彩林,张剑清,郭宝云.利用近景摄影测量技术的滑坡监测新方法[J].计算机工程与应用,2011(3):6-8.

[13] 赵文峰,王斌,关泽群.多基线近景摄影测量在边坡位移监测中的应用研究[J].工程勘察.2014(5):68-71.

[14] 谭燕.基于非量测数码相机的近景摄影测量技术研究[D].长沙:中南大学,2009.

[15] 王成亮.基于普通数码影像的近景摄影测量技术研究与应用[D].长沙:中南大学,2006.

[16] 杨彪.基于普通数字影像的近景摄影测量技术研究与应用[D].南京:河海大学,2004.

[17] 陈新.非测量型彩色数码相机测量精度研究[D].郑州:解放军信息工程大学,2010.

[18] 刘子侠.基于数字近景摄影测量的研究结构面信息快速采集的研究应用[D].长春:吉林大学,2009.

[19] 李天文.现代测量学[M].2 版.北京:科学出版社,2014.

[20] 张冠军.GPS RTK 测量技术实用手册[M].北京:人民交通出版社股份有限公司,2014.

第3章　数据分析与管理

 学习导读

本章介绍了常见的经典数据分析方法和手段;介绍了人工智能的概念、意义、发展历史及现状;结合人工智能在无损检测等方面的应用案例对无损检测基本理论、特点进行了讲解。同时对数据管理及大数据技术进行了阐述,深入分析了数据管理技术及大数据技术在土木工程中的应用。

数据分析是指用适当的统计分析方法,从收集来的数据中提取有用信息且形成结论,并对数据加以详细研究和概括总结的过程。数据分析的数学基础早在20世纪早期就已确立,计算机的出现和发展促使数据分析得以推广。

数据分析的方法有很多,大致可以分为经典方法和基于机器学习(人工智能)的方法两种。两种方法各有特点,其中机器学习的方法代表了未来的发展趋势。

3.1　经典的数据分析方法和手段

经典的数据分析方法和手段主要包括描述统计、信度分析、假设检验、相关分析、方差分析、判别分析、受试者操作特征曲线分析、时间序列分析和其他分析方法等9种(类)分析方法(手段)。各方法的详细情况可以参考相关专业书籍,本书仅做简要介绍。

3.1.1　描述统计

描述统计又称叙述统计,是统计学中用来描绘或总结观察量基本情况的统计方法总称。

主要内容包括:

(1)研究者可以通过对数据资料的图像化处理,将资料摘要变为图表,以便直观了解整体资料分布的情况。通常采用频数分布表与图示法,如多边图、直方图、饼图、散点图等。

(2)研究者也可以通过分析数据资料,了解各变量内的观察值集中与分散的情况。运用的工具有集中量数与变异量数。集中量数有平均数、中位数、众数、几何平均数、调和平均数等;变异量数有全距、平均差、标准差、相对差、四分差等。

(3)在推论统计中,测量样本的集中量数与变异量数都是变量的无偏估计值,但是以平均数、变异数、标准差的有效性为最高。

(4)数据的次数分配情况往往会呈现正态分布,为了表示测量数据与正态分布偏离的情况,会使用偏度、峰度两种统计数据。

(5)为了解个别观察值在整体中所占的位置,需要将观察值转换为相对量数,如百分等级、标准分数、四分位数等。

描述性统计学为测量样本和有关内容提供简单的总结,并以简单易懂的图表来表示,进而为行为决策提供参考。

3.1.2 信度分析

信度指的是测量方法的品质,即对同一现象进行重复观察之后是否可以得到相同资料值。信度指标多以相关系数表示,大致可分为3类:稳定系数(跨时间的一致性)、等值系数(跨形式的一致性)和内在一致性系数(跨项目的一致性)。

信度分析是通过研究测量数值和组成研究项目的特性,剔除无效的或者对研究对象作用较小的项目,从而达到将一个多维的研究对象进行降维的目的,进而发现反映研究对象的数据结构,提高数据的可靠性。信度分析的方法主要有重测信度法、复本信度法、折半信度法、α信度系数法等。

3.1.3 假设检验

假设检验又称统计假设检验,是用来判断样本与样本、样本与总体的差异是由抽样误差引起还是由本质差别造成的统计推断方法。

假设检验中显著性检验是最常用的、最基本的方法。显著性检验的基本原理是先对总体的特征做出某种假设,然后通过抽样研究的统计分析,并根据概率对此假设应该被拒绝还是接受做出推断。常用的假设检验方法有 Z 检验、t 检验、卡方检验、F 检验等。

3.1.4 相关分析

相关分析是研究两个或两个以上随机变量间的相关关系的分析方法。例如,人的身高和体重之间的关系、空气中的相对湿度与降雨量之间的相关关系都可以是相关分析研究的问题。

两个变量之间的相关程度通过相关系数 R 来表示,其值在 -1 和 1 之间。正相关时,R 值在 0 和 1 之间,这时一个变量增加,另一个变量也增加;负相关时则相反,一个变量增加,另一个变量将减少。R 的绝对值越接近 1,两变量的关联程度越强;R 的绝对值越接近 0,两变量的关联程度越弱。

相关分析与回归分析在实际应用中有密切关系。回归分析通常是一个随机变量 Y 对另一个(或一组)随机变量 X 的函数形式。

相关分析和回归分析在各个领域都有广泛的应用。

3.1.5 方差分析

方差分析又称变异数分析,是用于检验两组或两组以上的均值是否具有显著性差异,也就是检验各组别间是否有差异的数理统计方法。

一般认为不同组的均值间的差别基本来源有两个:

(1)试验条件,即不同的处理造成的差异,称为组间差异。

(2)随机误差,如测量误差造成的差异或个体间的差异,称为组内差异。

方差分析的基本思想是:通过分析研究不同来源的变异对总变异的贡献大小,从而确定可控因素对研究结果影响力的大小。例如,医学研究几种药物对某种疾病的疗效;农业学研究土壤、肥料、日照时间等因素对某种农作物产量的影响;建筑学研究混凝土配比对抗压强度的影响等,这些都可以使用方差分析的方法来解决。

3.1.6 判别分析

判别分析又称分辨法,是在分类确定的条件下,根据某一研究对象的各种特征值判别其类型归属问题的一种多变量统计分析方法。简单而言,就是通过辨别分析来对数据进行分组或分类。

判别分析通常都要设法建立一个判别函数(常用有线性判别函数和典则判别函数),然后利用此函数来进行判别。具体判别方法有最大似然法、距离判别法、Fisher(也称典则)判别法和 Bayes 判别法等。

3.1.7 受试者操作特征曲线分析

受试者操作特征曲线(ROC 曲线),又称为感受性曲线。得此名的原因在于该曲线上各点反映着相同的感受性,反映对同一信号在几种不同的判定标准下所得的结果。ROC 曲线是以假阳性率(FPR 或 FP 率,在所有阴性病例中被误判为阳性的比例)为横轴,以真阳性率(TPR 或 TP 率,在所有阳性病例中被正确判断的比例)为纵轴,采用不同的判断标准(阈值)得出不同结果画出的曲线,如图 3-1 所示。

ROC 曲线的下方的面积称为曲线下面积(AUC),被定义为 ROC 曲线下与坐标轴围成的面积,显然这个面积的数值不会大于 1。又由于 ROC 曲线一般都处于 $y = x$ 这条直线的上方,所以 AUC 的取值范围为 0.5~1,如图 3-2 所示。AUC 越接近 1.0,检测方法真实性越高;等于 0.5 时,则真实性最低,无应用价值。

ROC 曲线分析可把灵敏度和稳定性结合起来综合评价,是一种非常有效的评估方法。

3.1.8 时间序列分析

时间序列是按时间顺序的一组数字序列,其为现实的、真实的一组数据,而不是数理统计中做试验得到的。同时,它也是动态的,并具有内在关联性。

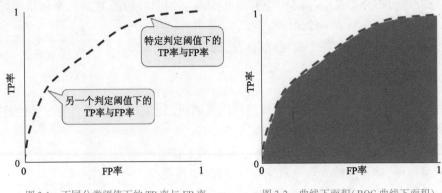

图 3-1 不同分类阈值下的 TP 率与 FP 率   图 3-2 曲线下面积(ROC 曲线下面积)

时间序列依据其特征,有以下几种表现形式,并产生与之相适应的分析方法:

(1)确定性变化:包括长期趋势变化、季节性周期变化、循环变化等。

(2)随机性变化。

时间序列分析就是根据时间序列数据的特性,建立模型并通过统计分析来获取模型参数,进而去拟合时间序列的观测数据,最终起到预测的作用。

3.1.9 其他分析方法

其他分析方法包括多重响应分析、距离分析、项目分析、对应分析、决策树分析、神经网络、系统方程、蒙特卡罗模拟等。

一般而言,描述统计是通过图表或数学方法,对数据资料进行整理、分析,并对数据的分布状态、数字特征和随机变量之间的关系进行估计和描述的方法,主要是阐述获得了哪些数据;而信度分析主要是说明获取的数据是否可靠;假设检验、相关分析、方差分析、判别分析、受试者操作特征曲线分析等主要是证明之前提出的假设是否成立;时间序列分析主要是承认事物发展的延续性,应用过去数据的规律,推测事物未来的发展趋势。

经典的数据分析方法和手段是一种统计方法,其主要特点是多维性和描述性。采用这些方法有助于揭示不同的数据之间存在的关系,并绘制出统计信息图,以便简捷地解释这些数据中包含的主要信息。

3.2 基于人工智能的分析方法和手段

人工智能(AI)也称智械、机器智能,指由人制造出来的机器所表现出来的智能。近年来人工智能得到了飞速发展,其在影像识别、语言分析、棋类游戏等方面的能力已经达到甚至超越了人类的水平。

3.2.1 人工智能的发展历程

早在公元前 384—公元前 322 年,亚里士多德的三段论就奠定了智能算法的逻辑基础。1945 年以约翰·冯·诺依曼(John von Neumann)为首起草了"存储程序通用电子计算机方案"——EDVAC,奠定了现代计算机结构体系。1950 年,图灵(Alan Mathison Turing)在论文

"*Computing machinery and intelligence*"中提出了著名的"图灵测试",论述了机器智能的判定方法。1956年,达特茅斯会议在美国汉诺斯小镇闭幕,以麦卡赛、明斯基、罗切斯特和申农等为首的科学家首次提出了"人工智能"这一术语,标志着人工智能学科的诞生。

国际范围内,人们对人工智能的发展历史有一套划分标准。人工智能技术的发展主要可以分为如下5个时期:孕育时期(1956年前)、形成时期(1956—1970年)、暗淡时期(1966—1974年)、知识应用时期(1970—1988年)、集成发展时期(1986年至今)。进入21世纪后,人工智能的研究步伐大大加快。2013年Facebook成立人工智能工作室,率先开始进行深度学习研究。2016年,由谷歌旗下的DeepMind公司自主研发的Alphago围棋机器人击败韩国选手李世石,引起了人们的广泛关注。2016年至今,中国正致力于在人工智能领域成为创新引领者,随着大数据、云计算、互联网、物联网等信息技术的发展,以深度神经网络为代表的人工智能技术飞速发展,大幅跨越了科学与应用之间的技术鸿沟,诸如图像分类、语音识别、知识问答、人机对弈、无人驾驶等人工智能技术实现了从"不能用、不好用"到"可以用"的技术突破,迎来爆发式增长的新高潮。

(1)专用人工智能取得重要突破。从可应用性看,人工智能大体可分为专用人工智能和通用人工智能。面向特定任务(如下围棋)的专用人工智能系统由于任务单一、需求明确、应用边界清晰、领域知识丰富、建模相对简单,形成了人工智能领域的"一枝独秀",在局部智能水平的单项测试中甚至可以超越人类智能。人工智能的近期进展主要集中在专用智能领域。例如,阿尔法狗(AlphaGo)在围棋比赛中战胜人类冠军,人工智能程序在大规模图像识别和人脸识别中达到了超越人类的水平,人工智能系统诊断皮肤癌达到专业医生水平。

(2)通用人工智能尚处于起步阶段。人的大脑是一个通用的智能系统,能举一反三、融会贯通,可处理视觉、听觉、判断、推理、学习、思考、规划、设计等各类问题,可谓"一脑万用"。真正意义上完备的人工智能系统应该是一个通用的智能系统。目前,虽然专用人工智能领域已取得突破性进展,但是通用人工智能领域的研究与应用仍然任重而道远,人工智能总体发展水平仍处于起步阶段。当前的人工智能系统在信息感知、机器学习等浅层智能方面进步显著,但是在概念抽象和推理决策等深层智能方面的能力还很薄弱。总体上看,目前的人工智能系统可谓有智能没智慧、有智商没情商、会计算不会"算计"、有专才而无通才。因此,人工智能依旧存在明显的局限性,依然还有很多"不能",与人类智慧还相差甚远。

(3)人工智能创新创业如火如荼。全球产业界充分认识到人工智能技术引领新一轮产业变革的重大意义,纷纷调整发展战略。如谷歌在其2017年度开发者大会上明确提出发展战略从"移动优先"转向"人工智能优先",微软2017财年年报首次将人工智能作为公司发展愿景。人工智能领域处于创新创业的前沿。麦肯锡公司报告指出,2016年全球人工智能研发投入超300亿美元并处于高速增长阶段;全球知名风投调研机构CB Insights报告显示,2017年全球新成立人工智能创业公司1100家,人工智能领域共获得投资152亿美元,同比增长141%。截至2020年6月,中国人工智能企业数量达到5125家,列全世界第二。

(4)创新生态布局成为人工智能产业发展的战略高地。信息技术和产业的发展史,就是新老信息产业巨头抢滩布局信息产业创新生态的更替史。例如,传统信息产业代表企业有微软、英特尔、IBM、甲骨文等,互联网和移动互联网时代信息产业代表企业有谷歌、苹果、脸书、亚马逊、阿里巴巴、腾讯、百度等。人工智能创新生态包括纵向的数据平台、开源算法、计算芯片、基础软件、图形处理器等技术生态系统和横向的智能制造、智能医疗、智能安防、智能零售、智能家居等商业和应用生态系统。目前智能科技时代的信息产业格局还没有形成垄断,因此,全球科技产业巨头都在积极推动人工智能创新生态的研发布局,全力抢占人工智能相关产业的制高点。

(5)人工智能的社会影响日益突显。一方面,人工智能作为新一轮科技革命和产业变革的核心力量,正在推动传统产业升级换代,驱动"无人经济"快速发展,在智能交通、智能家居、智能医疗等民生领域产生积极正面影响;另一方面,个人信息和隐私保护、人工智能创作内容的知识产权、人工智能系统可能存在的歧视和偏见、无人驾驶系统的交通法规、脑机接口和人机共生的科技伦理等问题已经显现出来,需要抓紧时间给出解决方案。

3.2.2 人工智能的基本理论

一、人工智能的定义

关于智能的定义有很多,通常可以认为智能是知识与智力的总和。具体地说,智能具有下述特征:

(1)具有感知能力。

(2)具有记忆与思维的能力。

(3)具有学习能力及自适应能力。

(4)具有行为能力。

简而言之,通过感知、记忆(存储)、思维(运算)、学习(纠错)、适应(训练)从而产生行为(分析并给出结果)。

二、人工智能研究的基本内容

在人工智能的研究中有许多学派,如逻辑学派、认知学派、知识工程学派、连接学派、分布式学派及进化论学派等。同时,人工智能又有多种研究领域,各个研究领域的研究重点也不相同。一般认为,其应包括以下几个方面。

1. 机器感知

所谓机器感知,就是使机器(计算机)具有类似于人的感知能力,其中以机器视觉与机器听觉为主,并形成了两个专门的研究领域,即模式识别与自然语言理解。

2. 机器思维

所谓机器思维,是指对通过感知得来的外部信息及机器内部的各种工作信息进行有目的的处理。正像人的智能是来自大脑的思维活动一样,机器智能也主要是通过机器思维实现的。机器思维需要开展以下几方面的研究工作:

(1)知识的表示,特别是各种不精确、不完全知识的表示。

(2)知识的组织、累积、管理技术。

(3)知识的推理,特别是各种不精确推理、归纳推理、非单调推理、定性推理等。

(4)各种启发式搜索及控制策略。

(5)神经网络、人脑的结构及其工作原理。

3.机器学习

人类具有获取新知识、学习新技巧,并在实践中不断完善、改进的能力,机器学习就是要使计算机具有这种能力,使它能自动地获取知识,能直接向书本学习,能通过与人谈话学习,能通过对环境的观察学习,并在实践中实现自我完善,克服人们在学习中存在的局限性,例如,容易忘记、效率低下及注意力分散等。

4.机器行为

与人的行为能力相对应,机器行为主要是指计算机的表达能力,即"说""写""画"等。对于智能机器人,其还应具有人的四肢功能,即能走路、能取物、能操作等。

5.智能系统及智能计算机的构造技术

为了实现人工智能的近期目标(实现机器智能)及远期目标(制造智能机器),就要建立智能系统及智能机器,为此需要开展对模型、系统分析与构造技术、建造工具及语言等的研究。

3.2.3　机器学习

机器学习(ML)是人工智能中一个重要的研究领域,被认为是人工智能的基础。机器学习牵涉的面很宽,因此,本节只是对它的一些基本概念做简要介绍。

一、机器学习的定义

机器学习的核心是"学习",关于学习一般的定义认为:学习是一个有特定目的的知识获取过程,其内在行为是获取知识、积累经验、发现规律;外部表现是改进性能、适应环境、实现系统的自我完善。

所谓机器学习,就是要使计算机能模拟人的学习行为,自动地通过学习获取知识和技能,不断改善性能,实现自我完善,其为人工智能的主要研究领域之一。

二、学习系统

为了使计算机系统具有某种程度的学习能力,使它能通过学习增长知识、改善性能、提高智能水平,需要为其建立相应的学习系统。一个学习系统应具有如下条件和能力:

(1)具有适当的学习环境。

(2)具有一定的学习能力。

(3)能应用学到的知识求解问题。

(4)能提高系统的性能。

由以上分析可以看出,一个学习系统一般由环境、学习、知识库、执行与评价 4 个基本部分组成,各部分之间的关系如图 3-3 所示。

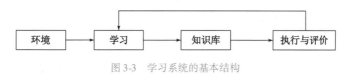

图 3-3　学习系统的基本结构

三、机器学习的发展

关于机器学习的研究,可以追溯到 20 世纪 50 年代中期。但由于受到客观条件的限制,机器学习直到 20 世纪 80 年代才获得了蓬勃发展。其发展过程可分为如下 3 个阶段。

1．神经元模型的研究

这一阶段始于 20 世纪 50 年代中期，主要研究工作是应用决策理论的方法研制可适应环境的通用学习系统（General Purpose Learning System）。

2．符号学习的研究

这一阶段始于 20 世纪 70 年代中期，研究者们力图在高层知识符号表示的基础上建立人类的学习模型，用逻辑的演绎及归纳推理代替数值的或统计的方法。

3．连接学习的研究

这一阶段始于 20 世纪 80 年代。当时由于人工智能的发展与需求以及超大规模集成电路技术、超导技术、生物技术、光学技术的发展与支持，使机器学习的研究进入了更高层次的发展时期。

四、机器学习的分类

机器学习是人工智能的基础，也应用得最广泛。机器学习可从不同的角度，根据不同的方式进行分类。最常用的是按系统的学习能力分类，即机器学习可分为有监督学习与无监督学习，两者的主要区别是前者在学习时需要教师的示教或训练，而后者是用评价标准来代替人的监督工作。

有监督学习和无监督学习的中间带就是半监督学习（SSL）。对于半监督学习，其训练数据的一部分是有标签的，另一部分没有标签。由于没有标签数据的数量常远大于有标签数据数量，所以采用半监督学习有助于提高准确性，因此，半监督学习目前正越来越受到人们的重视，如 AlphaGo 为代表的强化学习（RL）就属于半监督学习的范畴。

五、机器学习的算法概述

数据集是数据的集合。在机器学习中，数据集可分为训练数据与测试数据。训练数据用于机器学习过程中，通过对大量数据的处理与分析，将不同变量之间的联系提炼成函数关系，而测试数据就用于对训练数据得出的方法进行检验。

如前所述，在机器学习中根据学习能力可分为有监督学习、无监督学习和半监督学习。其中常用的算法包括分类、回归、聚类（异常分析）、主成分分析（降维）和关联分析等。

1．分类

分类（Classify）（如检测中是否为缺陷）是机器学习和模式识别中很重要的一环，分析方法（也称为分类器）有很多，常用的有以下几种。

1）贝叶斯分类法

贝叶斯分类法是基于贝叶斯定理的统计学分类方法，它是一类利用概率统计知识进行分类的算法。

2）决策树算法

决策树是一种简单但广泛使用的分类器，它通过训练数据构建决策树，对未知的数据进行分类。决策树在分离节点时利用了信息熵的方法。

3）支持向量机

支持向量机（SVM）把分类问题转化为寻找分类平面的问题，并通过最大化分类边界点距分类平面的距离来实现分类。支持向量机适合解决高维、非线性问题。

4）k 近邻查询

k 近邻查询（kNN）是找到最近的 k 个邻居（样本），在前 k 个样本中选择频率最高的类别作为预测类别。

5）逻辑斯谛回归

逻辑斯谛回归（LR）利用已知的自变量来预测一个离散型变量的值，也就是通过拟合一个逻辑函数来预测一个事件发生的概率。

6）人工神经网络

人工神经网络（ANN），简称神经网络或类神经网络，是一类模式匹配算法，通常用于解决分类和回归问题。人工神经网络是机器学习的一个庞大的分支，有几百种不同的算法，重要的人工神经网络算法包括：感知器神经网络（Perceptron Neural Network），反向传递（Back Propagation）等。

7）深度学习

深度学习（Deep Learning）是人工神经网络的重大发展，由 Hinton 等人于 2006 年提出，在以图像、语音识别为代表的各个领域都取得了巨大的成功。代表性的技术有卷积神经网络（Convolutional Neural Networks，简称 CNN），主要用于图像识别与处理；循环神经网络（Recurrent Neural Networks，简称 RNN），主要用于语言和语音识别、翻译；近年来，还发展出长短时记忆网络（LSTM）、时间卷积网络（TCN）等算法，拓展了 RNN 和 CNN 的应用领域。

8）强化学习

强化学习（Reinforcement Learning，简称 RL），又称再励学习、评价学习，通过在与环境的交互过程中，形成策略以达成回报最大化或实现特定目标。其中，生成对抗神经网络（Generative Adversarial Networks，简称 GAN）是在 RL 理论基础上，由蒙特利尔大学 Ian Goodfellow 在 2014 年提出的一种模型训练方法，是当前最受关注的 AI 算法之一。

9）集成学习

集成学习是指为了提高分类器的精度，先采用多个分类器预测，再采用某种集成策略进行组合，最后综合判断输出最终结果。

2. 回归

与分类不同，回归（Regression）的目的是预测连续性数值的目标值。常用的方法有以下两种。

1）显式方程回归

回归最直接的办法是依据输入写出一个目标值的计算公式，该公式就是所谓的回归方程。

2）树回归

解决非线性数据的拟合问题，一个可行的方法是分类回归树（Classification and Regression Trees，CART）算法，该算法既可以用于分类，也可以用于回归。

3. 聚类

聚类（Clustering）算法属于无监督学习，只有数据，而没有标记。也就是在没有给定划分类别的情况下，根据样本相似度进行样本分组。常见的聚类算法主要包括 k 均值聚类法和层次聚类法。

1）k 均值聚类法

k 均值聚类法是典型的基于距离的非层次聚类算法，其在最小化误差函数的基础上将数据划分为预定的类数 k，采用距离作为相似性的评价指标，即认为两个对象的距离越近，其相似度就越大。

2）层次聚类法

层次聚类法是一种通用的聚类算法，它通过自下而上合并或自上而下拆分来构建嵌套聚类。这种层次结构表示为树（或树状图）结构，树的根汇聚所有样本，树的叶子是各个样本。

4. 主成分分析

主成分分析（PCA）是一种统计方法，也属于无监督学习范畴。通过正交变换将一组可能存在相关性的变量转换为一组线性不相关的变量，转换后的这组不相关的变量叫主成分。

5. 关联分析

关联规则挖掘算法（Association Rules）是一种较为常用的无监督学习算法，与分类、聚类等算法不同的是，这类算法的主要目的在于发掘数据内在结构特征之间的关联性。经典的关联规则挖掘算法包括 Apriori 算法和 FP-growth 算法等。

六、预测模型的验证与评价

很多时候我们在训练集上的误差很小，但实际预测时结果可能更差，原因就在于我们的训练样本有限，我们的模型会把训练集特有的特征认为是所有样本空间中样本都应具有的特征，导致泛化能力下降，这种现象就叫作过拟合。与过拟合相对的就是欠拟合，即会欠缺某些通用特征，导致不符合分类标准的样本也分到相应的类中，如图 3-4 所示。

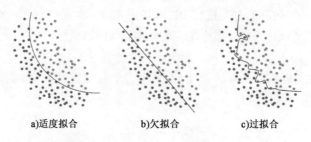

a）适度拟合　　　　　b）欠拟合　　　　　c）过拟合

图 3-4　3 种常见的拟合现象

我们以人脸识别为例，如果训练集中绝大部分都是成年人，那么当我们将含有儿童头像的照片给模型时，可能它会认为不是人脸（因为不具有成年人的脸部特征），这时就是过拟合；而如果它不仅识别了儿童人脸，还将小狗的图片也识别为人脸，这时就是欠拟合。

由于通常我们无法得到泛化误差，而训练误差又存在过拟合现象，所以要评价一个模型的优劣，需要两样东西：一是合适的样本集，二是用什么指标来评价。

1. 选择合适的样本集

在 AI 分析中，通常有 3 种数据：训练集、评估集和测试集。如果将已知的全部用于训练，有时候会发现尽管拟合程度很好（初试条件敏感），但是对于训练集之外的测试数据的拟合程度却并不令人满意。其原因一般在于在模型训练时的过拟合。

因此,将数据集分出一部分来(这部分不参加训练)对训练集生成的参数进行测试,相对客观地判断这些参数对训练集之外的数据的符合程度,这种思想就称为交叉验证(Cross Validation),常用的方法有 K 折交叉验证和留一验证。

1)K 折交叉验证(K-fold cross-validation)

初始采样分割成 K 个子样本,一个单独的子样本被保留作为验证模型的数据,其他 $K-1$ 个样本用来训练。交叉验证重复 K 次,每个子样本验证一次,平均 K 次的结果或者使用其他结合方式,最终得到一个单一估测。这种方法的优势在于,同时重复运用随机产生的子样本进行训练和验证,每次的结果验证一次。其中,10 折交叉验证是最常用的。

2)留一验证(Leave-One-Out)

留一验证指只使用原样本中的一个样本当作验证资料,而剩余的则留下来当作训练资料。这个步骤一直持续到每个样本都被当作一次验证资料为止。事实上,这和 K 折交叉验证是一样的,其中 K 为原本样本个数。

2. 评价方法

通常我们把训练集上的误差称为训练误差,把新样本上的误差称为泛化误差。而我们的目标就是要得到泛化误差小的模型,泛化误差越小越好。泛化误差可分解为偏移的平方、方差和噪声之和。

在一个训练集 D 上,模型 f 对测试样本 x 的预测输出为 $f(x;D)$,那么学习算法 f 对测试样本 x 的期望预测(亦即均值)为 $\bar{f}$,如真值为 y,则偏移(模型预测值与真实标记的差别称为偏移)为

$$\text{Bias}^2(x) = \left[\bar{f}(x) - y\right]^2 \tag{3-1}$$

方差 Var(模型的输出值之间的差异,它表示了模型的离散程度)为

$$\text{Var}(x) = E_D\left\{\left[f(x;D) - \bar{f}(x)\right]^2\right\} \tag{3-2}$$

偏移与方差的示意图如图 3-5 所示。

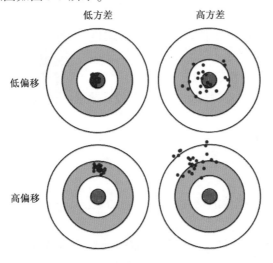

图 3-5　偏移与方差的示意图

在一个实际系统中,偏移与方差往往是不能兼得的。如果要降低模型的偏移,就会在一定程度上提高模型的方差,反之亦然。造成这种现象的根本原因是,检测试验总是希望试图用有限训练样本去估计无限的真实数据。

模型过于简单时,容易发生欠拟合;模型过于复杂时,又容易发生过拟合。为了达到一个合理的偏移-方差平衡,需要对模型进行认真评估。

3.3　机器学习在无损检测中的应用

3.3.1　概述

在无损检测中,许多时候检测精度高度依赖于操作人员的判断水平,这为检测结果的客观性、一致性等造成不利影响,也增加了操作人员的负担。为此,基于机器学习(AI)的辅助判定手段应运而生,以提高检测精度和降低作业难度。同样,我们可以应用机器学习技术对检测数据进行处理,包括分类、回归及聚类等功能,其主要方法有:

(1)分类:结构内部缺陷(有无、大小)的识别。

(2)回归:数值指标,如厚度、深度、强度、弹性模量等的回归。

(3)聚类:结构损伤程度的划分等。

相比单纯的人工分析,采用机器学习的方法具有以下优点:

1)适合于多参数分析

机器学习可以同时分析出多参数联合变化的规律即多参数联合分析,而人脑只能同时分析判别少数联动的参数。因此,在边界条件复杂、分析参数较多时,基于机器学习的方法具有很大的优势。

无损检测原理可简单理解为:将检测信号通过若干特征值进行表示,当检测部位存在缺陷时,这些特征值会存在差异,这种差异可能表现在单个特征值上,也可能表现在多个特征值的组合上。人工针对单个特征值的差异具备一定的分辨能力,如传统的人工判别就是针对波速延迟这一特征,但很多时候这一特征并不明显,人工判定就会比较困难。机器学习就是专门解决这种问题的,AI的智能特性就是体现在学习上,通过学习已有的数据,总结数据变化的规律,从而具备分辨的能力。

2)客观性强,精度(误差)稳定性好

由于基于机器学习的无损检测分析是建立在较多数量的训练集的基础上的,因此,其预测精度相对稳定、可靠。

3)精度可不断提高

随着训练(验证)数据的不断积累,预测精度也会随之不断提高。同时,训练模型还可以不断优化。

利用机器学习(AI)来提高检测精度,需要注意的是:

1)学习(训练)数据

人工智能学习数据的好坏直接影响机器判定的准确性,如果在学习时数据都存在严重的问题,那么学习的结果也不会好。因此,训练集的质量就决定了模型准确度的上限,后期的所有工作只是在逼近这个上限。

2）特征值和参数

在采用浅层学习方法时，需要自定义特征值（参数）。因此，特征值的选取也至关重要，所选特征值必须能区分开检测的好与坏。

3）模型的选取和训练

如前所述，机器学习方法众多，各方法特点不同，应根据检测对象选取。针对选取好的方法，模型采用准备好的学习数据进行训练，得到相应的参数，即建立了检测用的模型。

4）模型的评估

评估模型的优劣最直接的办法是拿着这个模型去做实际的判断，如针对内部缺陷的人工智能模型，我们将检测数据输入给模型，让它判断是否有内部缺陷，然后观察有多少比例是正确的，多少比例是错误的。这就是精度和错误率，也是最直接的一种评估方式。

需要说明的是，我们能选择作为验证的样本集是有限的，因此，在实际计算时选择样本集以及如何计算又会有许多不同的方法。当要解决一个实际问题时，我们需要考虑：

①如何知道我们所设计的模型是有用的或者较好的？

②当模型应用得不理想时，我们应该从哪些方面进行改进？

③如何针对具体问题选择学习模型？

5）实际应用

在机器学习实际应用中，主要有边缘计算（Edge Computing）和远程计算（Remote Access Computing System，简称RAC）模式。其中，边缘计算就是在靠近数据源头的一侧，采用计算机或者是监测节点（远程终端RTU）来对模型进行分析。

远程计算是利用通信线路，远距离提交任务并执行计算，然后接收计算成果。也就是检测人员将检测数据远程提交到服务器，由服务器系统上的AI模型进行分析并返回计算结果。

3.3.2　预测精度的定义

判断模型的优劣，我们需要对误差（或精度）进行分析。对于分类、回归、聚类等不同的用途，机器学习的精度评价指标也有所不同。

1. 分类的精度

识别精度的评价指标主要有准确度（差错率）、查准率、查全率等。首先，我们来看一个数据集，其中有＋和－，同样，某个模型预测的结果也有＋和－，各个类型的数量见表3-1。

识别器精度的评价指标　　　　　　　　　　　　　　表3-1

模　　型	预测＋	预测－
正解＋	真阳性（TP）	假阴性（FN）
正解－	假阳性（FP）	真阴性（TN）

前语（True/False）表示识别的正确与否，而后语（Positive/ Negative）则表示预测的是正例还是负例。有：

（1）准确度：

$$\frac{TP + TN}{TP + FN + FP + TN} \tag{3-3}$$

表明分类（预测）正确的样本数占样本总数的比例。差错率 = 1 − 准确度。其中 TP、TN、FP、FN 的定义见表 3-1。

（2）精度（也称查准率）：

$$\frac{TP}{TP + FP} \tag{3-4}$$

即在预测为正例的样本中实际为正例（预测正确）的比例。

（3）再现率（也称查全率）：

$$\frac{TP}{TP + FN} \tag{3-5}$$

即在所有正例样本中，有多少被正确识别出来的比例。

其中，精度与再现率二者一般呈负相关的关系。为了更全面地评价识别器的性能，引入了 ROC 曲线。ROC 曲线的横轴为假阳性率，纵轴为真阳性率，数值为对应正解判断的阈值。识别器的性能可以用 ROC 曲线的面积 AUR 来表示，对于完美的识别器，AUR = 1；对于随机的识别器，AUR = 0.5。

在无损检测中，最关心的指标除了上述准确度、精度以外，为了方便，还可以引入误判缺陷率和缺陷检出率。

（1）误判缺陷率：将健全部位误判为缺陷的比率（Defect Misjudged Rate，简称 DMR）。

（2）缺陷检出率：将缺陷部位正确检出的比率（Defect Detection Rate，简称 DDR）。

2. 回归的精度

评价回归算法精度的指标主要有平均绝对误差、最小二乘误差、决定系数等。

3. 聚类的精度

评价聚类算法精度的指标主要有兰德指数（Rand Index）、互信息和轮廓系数（Silhouette Coefficient）等。

3.3.3　基于 AI 的文字及图像识别

AI 技术在工程领域除了数据处理层面的应用，在工程报表数字化、路桥巡检等方面也发挥着显著的作用，大大节省了人力成本。本小节将介绍几个具有代表性的案例。

一、基于 OCR 的文字、表单识别

光学字符阅读器（OCR）是指通过电子设备（例如扫描仪或数码相机、智能手机）检查纸上印刷或手写的字符，并将其翻译成计算机文字的过程。在工程检测过程中会出现现场填写各种类型的报表的情况，为了将报表上传至服务器或形成电子文档，相关工作人员又要将手写报表重新输入计算机（或手机），从而大大增加了工作量。而通过 OCR 文字识别功能，则可大大简化这一过程，结合对报表的适配可实现对实体表格的数字化，并生成相对应的电子版文档。OCR 识别效果图如图 3-6、图 3-7 所示。

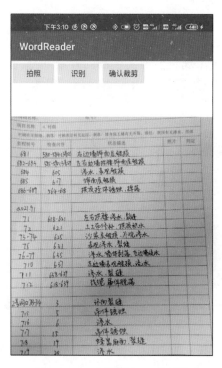

图 3-6　OCR 文档识别 App 效果图　　　　图 3-7　某报表文档生成结果效果图

OCR 文字识别功能不仅能将手写文档转换为电子文档,还能计算大数据量的报表。以回弹仪报表为例,该报表含现场记录的大量回弹仪显示数据,需要离开现场后再由人工计算相应的平均值和标准偏差,如图 3-8 所示。通过 OCR 功能提取出每个写入值(图 3-9),可以快速计算出所需的参数值,解决了以前人工计算耗时长、易算错等问题。

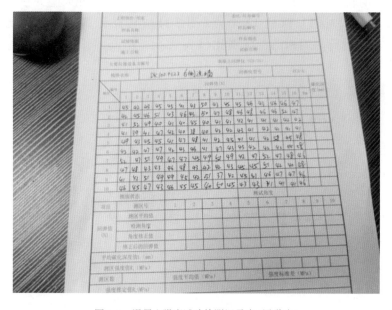

图 3-8　混凝土强度试验检测记录表(回弹法)　　　　图 3-9　OCR 文档识别 App 效果图

二、人脸识别及安全监测

建筑工地也是人脸识别最大的应用场景之一,其原因在于工地施工环境复杂,人员身份信息的不确定一直是建筑施工的重大隐患。在国家规定劳务实名制的背景下,基于人脸识别的打卡系统凭借其高效率、无法由他人代打卡等优势,广泛应用于各个施工现场。工地动态人脸识别三辊闸如图3-10所示。

图3-10　工地动态人脸识别三辊闸

人工智能在人脸分析方面有着许多重要应用,其对于工程领域的帮助也不止身份信息识别这一功能。接下来,将介绍人脸分析的另一个实用案例——疲劳检测系统。

疲劳作业是操纵大型机器时发生事故的主要原因之一。同时,调查数据也表明,与疲劳驾驶相关的道路交通事故占总事故的20%。而降低这种事故发生率的方法之一就是操作人员睡意检测技术。这里将介绍基于Dlib开源库实现的人员睡意检测训练模型。

Dlib是一个机器学习的开源库,包含机器学习的很多算法,使用方便。Dlib可以帮助我们创建很多复杂的机器学习方面的软件来解决实际问题。这里,我们使用它来检测人脸并获得人脸坐标标号。例如,通过定义左右两只眼的12个点(图3-11),可以计算眼睛纵横比(图3-12)来估计眼睛张开的程度。睁眼时眼睛的纵横比(Eye Aspect Ratio,简称EAR)值较高,而闭眼时EAR值接近于零。

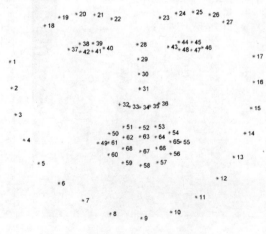

图3-11　面部标志注释

$$EAR = \frac{\|p_2 - p_6\| + \|p_3 - p_5\|}{2\|p_1 - p_4\|}$$

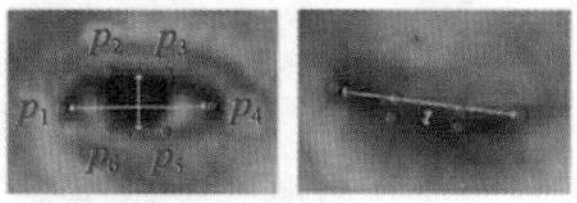

图 3-12　眼睛纵横比计算公式

据此,可将人脸图像制作成具有标识特征的人工智能模型训练素材,之后调用分类算法训练出相应的训练模型,其效果如图 3-13 ~ 图 3-16 所示。

图 3-13　睡意检测模型效果图(醒)

图 3-14　睡意检测模型效果图(困)

图 3-15　睡意检测模型效果图(困)

图 3-16　睡意检测模型效果图(醒)

三、裂缝、缺陷识别及勾勒(图 3-17)

据统计,混凝土结构的损坏有 90% 以上都是由裂缝引起的,因此,对混凝土结构的健康检测主要是对混凝土裂缝进行检测与测量。基于深度学习的 AI 检测方法主要包括 3 部分内容:混凝土表观图像的获取技术、基于图像的裂缝自动识别理论与算法,以及基于图像的裂缝宽度等病害程度定量化测量方法。

图像识别用于道路养护巡检中也可节省大量的人力成本。例如,对道路表面缺陷(如坑洼、裂缝等)的自动识别(图 3-18、图 3-19)。

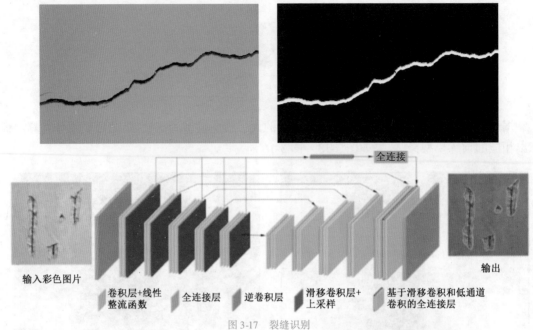

图 3-17 裂缝识别

图 3-18 道路实时缺陷检测模型效果图 1　　　图 3-19 道路实时缺陷检测模型效果图 2

四、钢筋计数

钢筋运输到工地后,以人工计数的方式清点数量,须反复校对,费时费力。而使用基于人工智能开发的手机 App 对准钢筋横切面拍照——识别,过程总共不到 10s 便可完成对一捆钢筋的计数,并且可以有效避免人工清点时所产生漏数、重复计数等误差。界面图与效果图如图 3-20、图 3-21 所示。

图 3-20　钢筋计数 App 界面图　　　图 3-21　钢筋计数 App 效果图

3.3.4　基于 AI 的工程无损检测

基于 AI,可以对工程无损检测进行辅助判断或者自动判断。

一、概述

AI 在工程无损检测的应用流程与其他领域基本一致,即数据选取、数据准备、模型训练、评估和应用。

(1)数据选取:在检测软件中生成 AI 所用的参数文件或者图片文件。也可以用测试的数据直接作为参数,但测试数据个数较多时,参数的提取需要采用深度学习等方法,比较耗时。

(2)准备训练集:其中,有验证的检测数据是必须的。

(3)选取算法和训练模型:如前所述,机器学习的算法有很多,其中,对于工程无损检测,浅层学习的贝叶斯网络、随机森林、神经元网络、回归树、深度学习等都是有效的方法。

(4)对模型的精度、泛化能力进行评估。

(5)在边缘端或远程服务器端配置训练、评估好的模型,投入实际应用。

(6)在实际应用中对模型不断地验证,提高其泛化能力与预测精度。

目前,在工程无损检测领域利用 AI 技术已经取得了不少成果,在此,就预应力孔道灌浆密实度检测、混凝土裂缝识别,以及隧道衬砌厚度与缺陷检测等方面的应用进行介绍。

二、预应力孔道灌浆密实度检测

预应力孔道灌浆质量对桥梁的承载力和耐久性都有很大的影响,其密实度检测中 IE 法是非常有效的方法。在实际检测工程中,本书收集了 3000 余条数据,采用神经元网络分类器训练模型,数据分类只包含密实、部分缺陷两种分类情况,孔道灌浆 AI 精度比较见表3-2。

孔道灌浆 AI 精度比较　　　　　　　　　　　　表 3-2

结 构 类 型	灌浆质量	测试次数	分类密实	分类缺陷	准确度(%)
T 梁	良好	823	667	156	81.04
	部分缺陷	408	218	190	85.25
箱梁	部分缺陷	736	483	253	84.66
	全部缺陷	388	47	341	87.89

其中,准确度的计算公式如下:

$$A = \frac{P_1 + P_2}{N} \tag{3-6}$$

式中:P_1——密实正判数据条数;

P_2——缺陷正判数据条数;

N——总测试次数。

图 3-22 为实际检测中 AI 自动解析的应用实例。先用数据采集设备采集数据,采集完成后在有网络的条件下将数据发送至服务器,服务器对数据进行处理并提取特征参数,再调用 AI 模型对数据进行解析,解析结果实时回传检测现场。图 3-23 中红色 DEFECT 结果表示灌浆不密实,黑色 SOUND 结果表示灌浆密实。

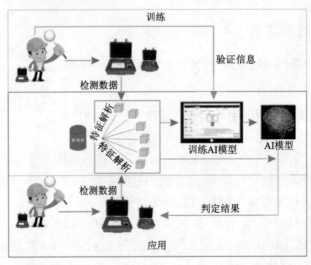

图 3-22　AI 检测判断的流程

三、弹性波连续采集应用

冲击弹性波法在工程检测中的应用领域很广,但其检测效率和质量一直以来都被诟病(图 3-24),制约其效率的主要因素之一是现场数据采集难以实现连续采集。

基于深度学习技术开发的冲击弹性波信号有效性的自动识别技术,可以达到99%以上的正确率。以某地实际预制梁质量检测的冲击弹性波数据为例,该数据中含有大量错误数据,通过 AI 模型对该数据进行筛选分析,成功提取出了 9 个正常波形数据(图 3-25)。在此基础上开发的连续采集技术可大大提高检测作业效率。

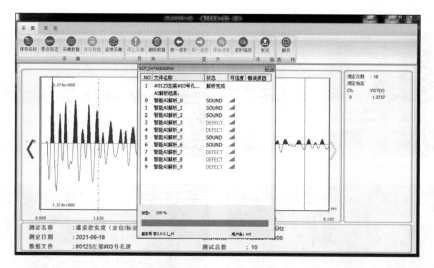

图 3-23 孔道灌浆 AI 自动解析

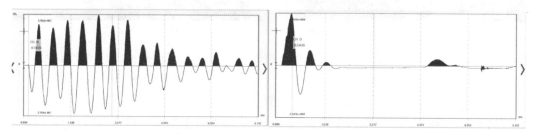

图 3-24 典型正常波形(左)与典型错误波形(右)

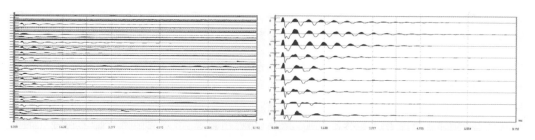

图 3-25 连采数据波形图(左)与筛选后波形图(右)

四、隧道衬砌缺陷、厚度识别及自动标注

针对隧道衬砌的厚度、脱空及内部缺陷等,采用冲击回波声频法(Impact Acoustic Echo-method,简称 IAE)是一种有效的方法。图 3-26 为典型的 IAE 后处理图片。

常见结构缺陷主要包括不密实、脱空、欠厚、超厚 4 类。训练采用深度迁移学习,通过继承成熟的图像分类神经网络架构,在自定义数据集上微调适当的分类器,最终实现各种缺陷在 IAE 后处理图片中的智能识别及标注。图 3-27 ～ 图 3-30 为 IAE 后

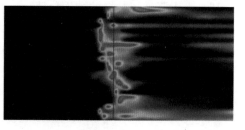

图 3-26 典型的 IAE 后处理图片

处理图片缺陷智能标识效果图。

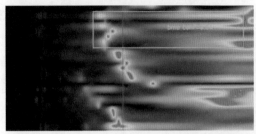
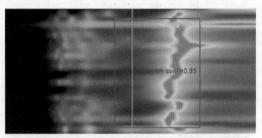

图 3-27 某隧道 IAE 后图片缺陷智能标识效果图 1　　　　图 3-28 某衬砌 IAE 后图片缺陷智能标识效果图 1

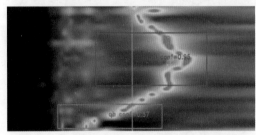
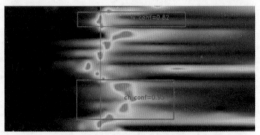

图 3-29 某隧道 IAE 后图片缺陷智能标识效果图 2　　　　图 3-30 某衬砌 IAE 后图片缺陷智能标识效果图 2

可见,采用机器学习对无损检测数据进行自动判识是非常有前景的。但同时由于不同模型、参数的影响,以及训练模型需要大量的样本和学习,并且还需要考虑结构特征,明确各个参数对应的力学意义,要训练出能用于实际工程的模型需要一个较长的过程。过程也许是曲折和充满艰辛的,但随着人工智能的不断发展完善,AI 技术与无损检测领域的结合无疑会不断加深,无损检测行业必将迎来一次技术革新。

3.4　数据管理及大数据技术

随着通信技术如 5G 技术的发展以及硬件制造的进步,万物互联已逐步实现,各行各业每天正产生海量的数据。土木行业内,在建筑工程的全生命周期中也会产生海量的数据,如设计勘探数据、检测数据、监测数据、维护养管数据等。这些数据包含了建筑结构非常丰富的信息,通过数据分析手段,可以有效地分析出病害缺陷的变化趋势、形成原因等。随着数据处理手段的不断进步,特别是大数据处理技术的快速发展,建筑结构的各类数据的价值已逐步显现。然而,这些数据往往以各种形式的报告、记录表、信息表等纸质文档或电子文档的形式进行管理存储。这种管理方式存在数据丢失、分类混乱、冗余等问题,造成了数据割裂、碎片化、不连贯等问题,大大降低了数据的利用价值。

随着数据处理技术、人工智能技术及大数据技术的问世,工程中各类数据得到了进一步整合。因此,土木工程需要更高效的数据管理技术。

3.4.1　数据管理系统

一、功能简介

数据管理系统的基本功能是按照用户要求,从大量的数据资源中提取有价值的数据。针对土木行业数据管理系统,人们主要是将建筑结构各个环节、不同时期的数据进行统一存储,并对数据展示、分析等应用提供数据支持,建立建筑结构全生命周期数据档案,实现数据共享。

1. 数据存储功能

为了方便数据的统一管理,数据集中存储在专用的服务器中,根据数据类型不同可以采用不同的存储方式。针对检测类数据类可以采用行化存储直接存在数据库中,如检测时间、检测人员、数据化的检测结果等;对于监测中的文件、报告、图片、视频等无法行化的数据则采用文件的形式进行压缩后存在磁盘中。数据的统一存储,可以有效地解决数据丢失、割裂、冗余等问题,同时降低数据维护管理的人工成本,提升效率。

在数据存储中,核心的组件是数据库技术。目前主流的数据库软件有 3 种:Oracle、SQL Server 和 MySQL,它们均具有使用方便、可伸缩性好、与相关软件集成程度高等优点,可存储海量的数据,并提供高效的数据查询提取等接口,方便上层应用的增、删、查、改等操作。

2. 数据处理功能

数据处理是数据管理中的一个重要功能。简单的处理如数据统计、分类等可以通过数据库完成,涉及运算判定、审核的数据分析需要服务器的参与,更加复杂的分析如数据挖掘、趋势预判等除服务器外,还需要接入更加强大的数据处理平台,如机器学习、数据解析模块等。

二、数据管理主要组成

数据管理主要由服务器和应用两部分组成,如图 3-31 所示。

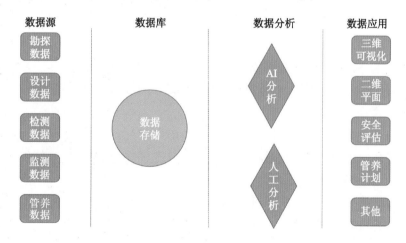

图 3-31 数据管理示意图

1. 服务器

服务器包含两方面的内容:其一是硬件主机,即完成各类运算、存储的计算机;其二是服务器,即实现各类功能的程序。数据源通过各种渠道发送到服务器后,服务器负责对接收到的数据进行判断处理,对不合规的数据拒绝接收,对合规的数据进行整理,根据业务逻辑进行处理,最终将数据存入数据库或者将文件存储到磁盘指定位置。除此之外,服务器还将为其他应用提供数据接口,起到承上启下的作用。

2. 应 用

数据应用范围非常广泛,大致分为数据展示、数据分析。数据展示常见的有数据浏览、查询、下载,如 Web 端数据表格、图片、文字等。借助 BIM 等技术,可采用 3D 展示技术进行数据可视化。

3.4.2 大数据分析技术

一、大数据的定义与基本特征

关于大数据,麦肯锡全球研究所给出的定义是:一种规模大到在获取、存储、管理、分析方面大大超出了传统数据库软件工具能力范围的数据集合,具有海量的数据规模、快速的数据流转、多样的数据类型和价值密度低四大特征。

大数据包括结构化、半结构化和非结构化数据。

1. 结构化数据

结构化数据也称作行数据,其严格遵循数据格式与长度规范,主要通过关系型数据库进行存储和管理。简单来说,第 3.4.1 节中数据库所管理的数据都可以算结构化数据,如数据里的检测数据、监测数据等。

2. 半结构化数据

半结构化数据是结构化数据的另一种形式,它包含相关标记,用来分隔语义元素以及对记录和字段进行分层。因此,它也被称为自描述的结构化数据。常见的半结构化数据有 XML 和 JSON 格式。

3. 非结构化数据

非结构化数据是数据结构不规则或不完整,没有预定义的数据模型,不方便用数据库二维逻辑表来表现的数据。通常视频、音频、图片、图像、文档、文本等形式大多为非结构化数据。

二、大数据的分析

从分析上看,由于大数据量大、种类多,因此,无法用单台的计算机进行处理,必须采用分布式架构。其特色在于对海量数据进行分布式数据挖掘,但它必须依托云计算的分布式处理、分布式数据库和云存储、虚拟化技术。

大数据分析一般具备以下 3 个思维方式:

1. 使用全体数据进行分析

与传统统计分析只使用一小部分随机抽样数据相比,使用全体数据可以发现更多的细节和有价值的信息。

2. 接收数据混杂性,通过数据量大来弥补质量差

对于接收数据混杂、无效数据多等不利因素,可以通过增大数据量来简化分析模型并避免过拟合,从而获得更准确的分析结果。

3. 追求相关关系而非因果关系

从相关关系切入则可为数据分析提供新的视角。例如,"啤酒与尿布"的故事发生于20世

纪90年代的美国沃尔玛超市中,沃尔玛的超市管理人员分析销售数据时发现了一个令人难以理解的现象:"啤酒"与"尿布"两件看上去毫无关系的商品会经常出现在同一个购物篮中。这一现象引起了超市管理人员的注意,经过后续调查发现,这种现象出现在年轻的父亲身上:在美国有婴儿的家庭中,一般是母亲在家中照看婴儿,年轻的父亲前去超市购买尿布。父亲在购买尿布的同时,往往会顺便为自己购买啤酒(考虑到给婴儿换尿布是件辛苦的事情,因此需要喝点啤酒来犒劳自己)。于是,沃尔玛开始在卖场尝试将啤酒与尿布摆放在相同的区域,让年轻的父亲可以同时找到这两件商品,并很快地完成购物,从而获得了很好的商品销售收入,这就是"啤酒与尿布"故事的由来。由此,1993年美国学者Agrawal提出了关联关系的Aprior算法。沃尔玛将Aprior算法引入到POS机数据分析中,并获得了巨大的成功。

三、大数据的价值

大数据的价值在社会的各个层面(如政府、企业等)都可以得到体现。

1. 在政府层面的价值体现

1)工商部门利用大数据对企业异常行为监测预警

依托大数据资源,工商部门可以建设市场主体分类监管平台,将市场主体精确定位到电子地图的监管网格上,并集成基本信息、监管信息和信用信息。利用大数据技术评定市场主体的监管等级,提示监管人员采取分类监管措施,有效提升了监管的科学性。

2)交通部门利用大数据技术解决拥堵情况

交通部门利用大数据技术对城市的交通状况进行监测,可以缓解城市交通堵塞,对事故高发区、早晚高峰期进行实时分析。通过监控道路车辆流动情况,交通部门可以全天候实时监测各道路车辆流动情况,识别出各个时段道路拥堵情况。

3)教育部门利用大数据改善教学体验

教育部门在网络学习和面对面学习融合的混合式学习方式下,可以实现教育大数据的获取、存储、管理和分析,为教师教学方式构建全新的评价体系,改善教与学的体验。为提高教学水平,应用数据挖掘和学习分析工具,为教学改革发展提供持续完善的系统和应用服务。

2. 在企业层面的价值体现

通过结合大数据和高性能的分析,有助于企业:

(1)及时解析故障、问题和缺陷的根源,每年可能为企业节省大量资金。

(2)分析所有SKU,以利润最大化为目标来定价和清理库存。

(3)根据客户的购买习惯,推送其可能感兴趣的优惠信息。

(4)从大量客户中快速识别出金牌客户。

(5)使用点击流分析和数据挖掘来规避欺诈行为。

四、大数据在数字化建造与养护方面的应用

大数据技术也为建筑结构安全评估、趋势预判、养护计划提供有力的数据支持。

例如,在建筑结构的全生命周期中会产生海量的数据,格式上有文件报表、声音、图片、视频等。在这些数据中有的数据是有效数据,也有的是无效数据,所以需要在这些海量数据中提取有效数据,进而可以把隐藏在一大批看起来杂乱无章的数据中的信息集中和提炼出来,从而找出所研究对象的内在规律。

再如,针对建筑结构,大数据技术可通过对历年数据进行挖掘分析,对相关病害的发展趋势进行预判,方便管理者清晰地了解建筑结构的整体趋势情况,对高速变化、恶化的局部构件进行维护,也可以对同类型的结构进行横向类比,并制定更具针对性、有效性的修改维护方案。

"1 + X"考证训练题

本教材将"1 + X"职业技能等级证书标准有关内容要求有机融入教材,下列试题与"1 + X"路桥工程无损检测职业技能等级证书考核密切相关。其中选择、判断题对应中级证书,思考题对应高级证书(高级覆盖中级)。任课教师可根据课程需要,因材施教,梯度教学。

一、单选题

1.下列不属于经典数据分析方法和手段的是(　　)。
　　A.信度分析　　　　　　　　　　B.相关分析
　　C.据估计分析　　　　　　　　　D.极大似然估计分析

2.人工智能诞生于哪一年?(　　)
　　A.1950 年　　　B.1956 年　　　C.1965 年　　　D.1970 年

3.人工智能的基础是(　　)。
　　A.机器学习　　　B.机器感知　　　C.机器行为　　　D.机器思维

4.下列不是机器学习常用算法的是(　　)。
　　A.分类　　　　　B.聚类　　　　　C.主成分分析　　　D.最小二乘法

5.下列不属于深度学习技术的是(　　)。
　　A.卷积神经网络　　　　　　　　B.循环神经网络
　　C.时间卷积网络　　　　　　　　D.贝叶斯网络

6.机器学习中回归算法的主要目的是(　　)。
　　A.预测分类　　　　　　　　　　B.文字识别
　　C.预测连续性数值　　　　　　　D.根据数据形似度进行分组

7.将纸质报表资料转换为电子文档可以通过机器学习中的什么技术手段完成(　　)。
　　A.图像识别　　　B.分类　　　　　C.回归　　　　　D.OCR 技术

8.裂缝识别技术不会用到下列哪项技术(　　)。
　　A.图像获取技术　　　　　　　　B.裂缝自动识别理论
　　C.裂缝宽度定量化测量方法　　　D.人脸识别技术

9.下列不属于主流数据库软件的是(　　)。
　　A.Oracle　　　　　B.SQLServere　　　C.SQLite　　　　D.MySQL

10.下列属于结构化数据的是(　　)。
　　A.声音　　　　　　　　　　　　B.视频
　　C.文本　　　　　　　　　　　　D.可以用关系型数据库存储的数据

二、多选题

1.数据分析的方法有很多,大致分为几种?(　　)

A.经典方法　　　　B.现代分析法　　　　C.机器学习　　　　D.频谱分析

2.下列属于智能的特征的有(　　)。

　A.具有感知能力　　　　　　　　B.具有记忆与思维的能力

　C.具有学习能力及自适应能力　　D.具有行为能力

3.人工神经元网络算法包括(　　)。

　A.树节点、叶节点　　　　　　　B.感知神经网络

　C.反向传递　　　　　　　　　　D.概率统计

4.在数据分析处理时与人工分析相比,采用机器学习的方法进行处理有哪些优点?(　　)

　A.多参数分析　　　　　　　　　B.客观性强,精度稳定性好

　C.精度可不断提高　　　　　　　D.分析速度快

5.大数据的特征有哪些?(　　)

　A.数据规模大　　　　　　　　　B.数据流转快

　C.数据类型多样　　　　　　　　D.价值密度低

三、判断题

1.根据系统的学习能力,机器学习可以分为有监督的学习与无监督的学习。　　(　　)

2.机器学习中有监督的学习不需要对训练集进行标识。　　(　　)

3.机器学习中提高训练集的可靠性可以提高训练模型的准确率。　　(　　)

4.在无损检测中可以用机器学习的方式完全替代人工分析。　　(　　)

5.大数据应用巨大的数据量可一定程度上弥补数据质量差的问题。　　(　　)

四、思考题

1.简述人工智能、机器学习、深度学习之间的关系。

2.AI辅助检测判断的流程包含哪些内容?

本章参考文献

[1] 住房和城乡建设部.普通混凝土配合比设计规程:JGJ 55—2011[S].北京.中国建筑工程出版社,2000.

[2] 四川升拓检测技术股份有限公司.混凝土材料及结构综合检测技术体系[R].2012.

[3] 吴佳晔.土木工程检测与测试[M].北京:高等教育出版社,2015.

[4] 张俊哲.无损检测技术及其应用[M].北京:科学出版社,2010.

[5] 林维正.土木工程质量无损检测技术[M].北京:中国电力出版社,2008.

[6] 袁梅宇.数据挖掘与机器学习——WEKA应用技术与实践[M].2版.北京:清华大学出版社,2016.

[7] 王永庆.人工智能原理与方法[M].西安:西南交通大学出版社,2006.

[8] 彭健.人工智能的关键性技术[J].互联网经济,2018,12:46-51.

第4章　数据展现与应用

　　本章介绍了土木工程信息化中的数据展现与应用，内容包括获得数据的视觉表现，基于数据的反馈、预测及控制，以及戴明环（PDCA循环）项目管理理论等。从数据展示场景介绍到自动化技术在土木工程设计—施工—运营全过程中的相关应用，概括了数据从展示到运用的全过程。

4.1　数据展现

　　数据展现是指将数据以视觉的形式（如图表或地图）来呈现，以帮助人们了解这些数据的意义。由于人类大脑对视觉信息的处理优于对文本的处理，因此，使用图表、图形和设计元素，可以容易地解释数据模式、趋势、统计数据和数据相关性。某监控展现平台如图4-1所示。

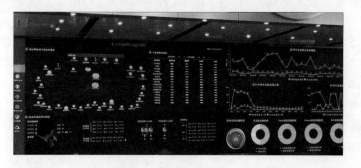

图4-1　某监控展现平台

数据展现通常需要 7 个步骤:获取(Acquire)、分析(Parse)、过滤(Filter)、挖掘(Mine)、呈现(Represent)、修饰(Refine)和交互(Interact)。随着计算机技术的不断进步,数据的展现水平也在不断提高。目前,主要采用专用软件来展现数据。

4.1.1　数据展现的主要类型

根据分析数据的种类,数据展现大致可以分为统计数据、关系数据、地理空间数据、时间序列数据和文本数据的展现。

一、数据展现类型

从展现图表的类型来看,主要有以下几种。

1. 柱状图与条形图

展示多个分类的数据变化和同类别各变量之间的比较情况。适用于对比分类数据,但分类过多则无法展示数据特点。

2. 折线图

展示数据随时间或有序类别的波动情况的趋势变化。适用于有序的类别,如时间;但无序的类别则无法展示数据特点。

3. 散点图、气泡图

用于发现各变量之间的关系。针对存在大量数据点的情况结果更精准,如回归分析;但数据量小时会比较混乱。

4. 饼图、环形图、旭日图

用来展示各类别占比,如男女比例。适用于了解数据的分布情况;但分类过多,则扇形越小,无法展现图表。

5. 地图、气泡地图、点状地图、轨迹地图

用颜色的深浅来展示区域范围的数值大小。适用于展现呈面状但属分散分布的数据,如人口密度等,但数据分布和地理区域大小不对称。通常大量数据会集中在地理区域范围小的人口密集区,容易造成用户对数据的误解。

6. 热力图

以特殊高亮的形式显示数值大小和位置分布。适用于需要直观清晰地看到每个区域数值大小的情形,但不适用于数值字段是汇总值、需要展现连续数值数据分布的情形。

7. 矩形树图

展现同一层级不同分类的占比情况,还可以展现同一个分类下子级的占比情况,如商品品类等。适用于展示父子层级占比的树形数据,但不适合展现不同层级的数据,如组织架构图。其每个分类不适合放在一起看占比情况。

旭日图和矩形树图如图 4-2 所示。

8. 词云

展现文本信息,对出现频率较高的关键词予以视觉上的突出,如用户画像的标签。适用于

在大量文本中提取关键词,但不适用于数据太少或数据区分度不大的文本。

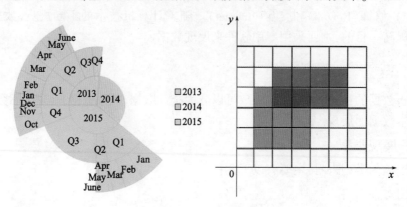

图 4-2   旭日图(左)和矩形树图(右)

9. 仪表盘

展现某个指标的完成情况。适用于展现项目进度(累计情况),但不适用于展现数据的分布特征等。

10. 雷达图

将多个分类的数据量映射到坐标轴上,对比某项目不同属性的特点。适用于了解同类别不同属性的综合情况,以及比较不同类别的相同属性差异,但分类过多或变量过多,会比较混乱。

11. 漏斗图

用梯形面积表示某个环节业务量与上一个环节之间的差异。适用于有固定流程并且环节较多的分析,可直观地显示转化率和流失率;但不适用展现于无序的类别或没有流程关系的变量。

12. 瀑布图

采用绝对值与相对值结合的方式,展现各成分分布构成情况,如各项生活开支的占比情况。适用于展现数据的累计变化过程,但当各类别数据差别太大时则难以比较。

13. 桑葚图、和弦图

一种特定类型的流程图,图中延伸的分支的宽度对应数据流量的大小,起始流量总和始终与结束流量总和保持平衡,如能量流动等。适用于展现数据的流向,但不适用于展现起始流量和结束流量不同的场景。

14. 箱线图

利用数据中的 5 个统计量(最小值、第一四分位数、中位数、第三四分位数与最大值)来描述数据的一种方法。适用于展现一组数据分散的情况,特别适用于对几个样本的比较,但对于大数据量,反映的形状信息会模糊不清。

雷达图和和弦图如图 4-3 所示。

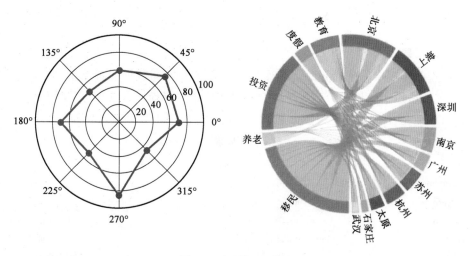

图 4-3　雷达图和和弦图

二、大数据展现

大数据展现分析是大数据分析的一个重要分支,该方法将人所具备的、机器并不擅长的认知能力融入分析过程中,可提升数据分析的效率和准确性,并可对高维数据进行直观呈现。

大数据的数据种类多,在数据集中后表现为数据的维度高。高维数据难以有效地展现,且会引起数据分析中的维度灾难问题,即数据集在高维空间中分布稀疏,缺乏足够的数据构建模型。传统数据分析常以降维的方式减少数据集中的变量数,由此也会带来原始数据集中信息量的减少。大数据展现分析为有效地呈现、分析高维数据提供了新的思路。

平行坐标图是展现高维多元数据的一种常用方法。为了显示多维空间中的一组对象,绘制多条平行且等距分布的轴,并将多维空间中的对象表示为在平行轴上具有顶点的折线。顶点在每个轴上的位置就对应了对象在该维度中的变量数值,如图 4-4 所示。

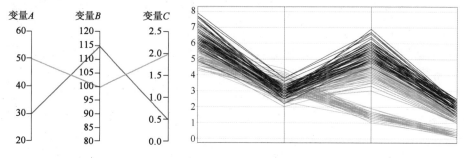

图 4-4　平行坐标图(尺寸单位:cm)

平行坐标图将人的认知能力融入数据分析中,为无法使用有监督学习及无监督学习不稳定情况下的模式识别提供了新的思路,并可直接对原始高维数据进行展现,因而在建设、养管等领域中有着非常重要的应用。例如,在结构健康监测中,PCP 方法可用于识别传感器故障引起的数据异常,其趋势模式还可呈现环境荷载与结构响应之间的局部相关关系,且能够反映大数据分析追求相关关系而非因果关系的分析方式。

4.1.2 数据展现的主要软件工具

一、开源工具

数据展现的实现一般依赖开源程序作为支柱。学术界的数据展现大多基于 R 语言进行静态绘图,主要适用于统计学。商业环境中的可视化主要是面向普通大众,常用具有交互性的 Processing、D3.js 等主流工具进行数据展现。常用开源展现工具见表4-1。

常用开源展现工具   表 4-1

工 具 名 称	官 方 网 址	主 要 特 点
Processing	http:/processing.org/	移植性强
ColorBrewer	http://colorbrewer2.org/	侧重颜色
R	http://www.r-project.org/	统计分析能力强
Google Chart Tools	https://developers.google.com/chart/	统计分析能力强
Impure	http://www..impure.com/	可视化编程
Envision.js	http://www.humblesoftware.com/envision/	异步交互
RAWGraphs	http://rawgraphs.io/	基于 D3.js
Google Fusion Tables	https://developers.google.com/fusiontables	云计算
百度 Echarts	https://echarts.apache.org/zh/index.html	纯 Java 的图表库

开源工具在一定程度上推动了数据展现的进步,许多工具都是在现有的基础上进行改进和完善。例如,百度 Echarts 依靠纯 Java 图表库,其底层依赖轻量级的 Canvas 类库 Zrender,使数据展现更为直观、生动且可交互。

二、商业工具

开源的展现工具通常需要一定的编程能力,且在资源共享上会有不便之处,往往不适合企业用于商业用途。因此,有许多公司带领团队推出了商业性质的数据展现工具,如腾讯云图、Excel、亿信 BI 等(表 4-2),其中 Excel 是微软推出的办公软件之一,可以快速浏览数据并创建展现图形,但由于样式及颜色的限制,难以在专业刊物、网站等场合使用。而亿信 BI 则可轻松实现中国式报表、dashboard 仪表盘、统计图、地图分析、分析报告、多维分析等,它不需要编程,仅通过简单的拖拽操作即可完成。对比 Excel,亿信 BI 是专业应对数据展现方案的利器,主要表现在其具备数据展现、聚焦/深挖、灵活分析、交互设计等功能。

常 用 商 用 工 具   表 4-2

工 具 名 称	官 方 网 址	主 要 特 点
Tableau	https://www.tableau.com/	无须编程
Splunk	https://www.splunk.com/	机器数据引擎功能
CartoDB	https://cartodb.com/	侧重地理
Visual.ly	http://visual.ly/	适用于教育和公共社交
Excel	http://www..microsoft.com/	适用于入门级
腾讯云图	https://cloud.tencent.com/document/product/	可实现图形化编辑
阿里 DataV	https://www.aliyun.com/product/bigdata/datav	与阿里系数据库衔接
亿信 BI	http://www.esensoft.com/products/bi.html	可实现中国式报表

三、可视化分析实例

1. 百度 Echarts

百度 Echarts 使用 Java Script 实现的开源可视化库,平台应用于 PC 和移动设备,兼容性上可与当前绝大部分浏览器(IE8/9/10/11,Chrome,Firefox,Safari 等)匹配,底层依赖矢量图形库 Zrender,为用户提供直观、交互丰富、个性化定制的数据展现图表(图 4-5 和图 4-6)。

图 4-5 丰富展现类型

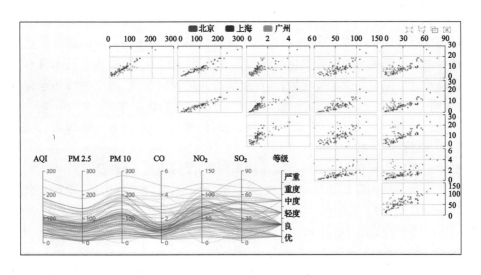

图 4-6 深度的交互式数据探索

更多资源信息详见:https://echarts.apache.org/zh/feature.html#interaction。

2. 腾讯云图

腾讯云图作为腾讯旗下的商业工具,适用于政府工作指数、地理位置信息、销售实时监控等多种行业大屏展示需求,支持从静态数据、CSV 文件、公网数据库、腾讯云数据库和 API 等多种数据源接入数据,通过配置数据源可以动态实时更新。统一的资源管理使得数据和图片可以方便快捷地重复使用。

以"大数据展示"为应用案例,企业及项目想展示云计算服务的各种关键业务实时情况,可通过不同图表体现任务总量、月度趋势变化、CPU 和内存的利用率等指标。大数据展示屏如图 4-7 所示。

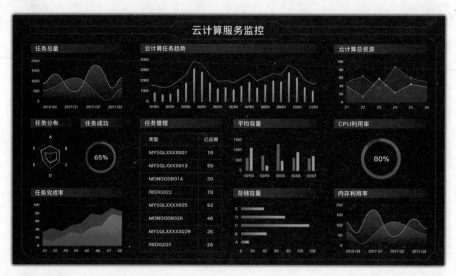

图 4-7　大数据展示屏

4.1.3　基于 BIM 的数据展现

建筑信息模型(BIM)是以三维技术为基础,包含建筑工程项目相关的各种信息数据的模型,以其技术优势迅速成为新形势下建筑业的新亮点和新热点。由于 BIM 技术具有数字化展现、信息化以及可模拟和集成化等优势,其在建筑行业的设计领域、施工领域和运营维护领域等全生命周期中得到广泛的应用和发展。BIM 的特性主要有以下几点:

(1)可视化展现。可用于汇报、展示,使项目设计、建造、运营过程中的沟通、讨论、决策在可视化状态下进行。

(2)协调。BIM 能够对相关方进行实时动态调整,反应迅速,处理及时。

(3)模拟分析。模拟分析如日照、视线、紧急疏散模拟,4D 模拟(宏观、微观),5D 模拟等。我们通常说的 4D 是 3D + 时间 = 4D,而 5D 是 4D + 成本 = 5D。

BIM 5D 协同平台如图 4-8 所示。

一、BIM 展现应用

可以把 BIM 模型视为一个大型的建筑信息库,在开始施工之前,即可检视所有的建筑空间以及里面的相关设备和设施,甚至可检视动态仿真施工到运维,进而有助于预测建筑物实际完成后会产生何种问题,了解未来工程的全貌及预计施工的过程,提前预防错误的产生。

近年来,从地标性建筑到商业住宅,从基础设施到市政工程,都可以看到 BIM 的身影,其应用端也逐渐从设计向施工及运维方向延伸。

图 4-8　BIM 5D 协同平台

1. 互动场景模拟

所谓的互动场景模拟就是 BIM 模型建好之后,将项目的空间信息、场景信息等纳入模型之中。再通过虚拟现实(VR)等新技术的配合,让业主、客户或租户通过 BIM 模型从不同的位置进入模型中相应的空间,进行让体验者有身临其境之感。体验者能够通过模型进入商铺、大堂、电梯间、卫生间等各种空间,了解各空间的设施。

2. 虚拟施工

在 2D 工作模式下,虚拟施工因为技术手段及信息收集不到位而难以实现,施工中往往有物料浪费、进度拖沓等现象。通过 BIM 技术对模型进行 3D 空间拓展,加上 4D(时间)维度,形成进度管理模型,再关联日、周、月等时间信息,可随时随地观察项目进度与施工计划之间的差别,及时进行调整与矫正。再通过其他相关的如云、物联网、射频技术等,可让施工方、监理方、业主方等对工程项目中的进度、物料使用状况、人员配置、现场布置及安全管理等方面一目了然,优化施工方案,从而大大减少建筑质量问题、安全问题,减少返工和整改。BIM 虚拟施工如图 4-9 所示。

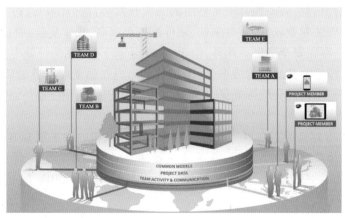

图 4-9　BIM 虚拟施工

3. 系统维护

传统的系统维护一般是运维方通过竣工图纸，再配合 Excel 等工具对建筑中各个系统、设备等相关数据进行分析，这样既缺乏时效性，也不够直观。借助 BIM 模型，业主维护人员可以快速掌握并熟悉建筑内各种系统设备数据、管道走向等资料，从而快速找到损坏的设备及出问题的管道。

4. 碰撞检查

传统 2D 工作模式往往需要设计人员对 N 张图纸进行套叠、排查，不但费时费力，还对核查人员的工作能力、经验及空间想象力有很高的要求，常常导致错漏碰缺。通过 BIM 技术，运用相关软件对所建立的信息化模型进行可视化的碰撞检查，可查看净高、管线之间的软硬碰撞，管线与结构之间的碰撞，自动生成碰撞报表，优化管线排布方案，指导施工人员正确高效的工作，进行施工交底、施工模拟，提高施工质量。BIM 碰撞检测过程如图 4-10 所示。

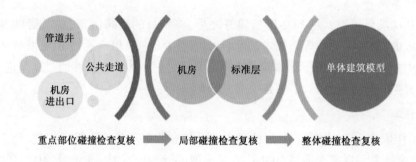

图 4-10　BIM 碰撞检测过程

二、轻量化应用

目前存在的 BIM 服务器多为 C/S 架构，对电脑软、硬件的配置要求都很高。例如，Autodesk 的 Revit 是目前全球建筑市场上最为常用的 BIM 软件平台，可以进行建筑的建模、浏览，可以记录相关的属性信息，同时拥有丰富易用的二次开发接口，但用户通过 Revit 软件浏览三维建筑模型时需要安装专业软件，对电脑软、硬件配置要求高，操作复杂，而且可能会破坏三维建筑模型原始数据，存在安全隐患。此外，由于 Revit 是基于 PC 端的一款专业软件，无法满足用户随时随地查看模型及其属性的需求，也无法满足用户在移动端查看的需求。C/S 架构的三维展现平台不够轻量化的弊端影响了 BIM 技术落地及 BIM 应用的推广，进而催生了人们对模型轻量化展示的强烈需求。

三维展现及 Web 端技术的发展为 BIM 轻量化提供了契机。而采用 B/S 架构，可以使 BIM 的处理过程和结果呈现之间分离，其主要运算一般都集中在服务器中。对于 B/S 架构而言，系统更加轻量化，其维护更方便。BIM 轻量化架构如图 4-11 所示，BIM 轻量化监测系统应用如图 4-12 所示。

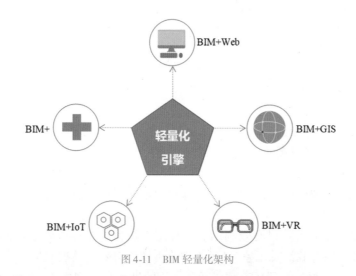

图 4-11　BIM 轻量化架构

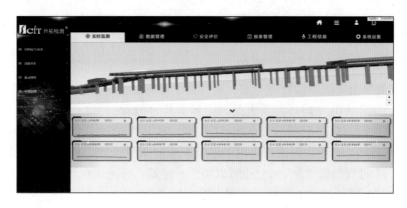

图 4-12　BIM 轻量化监测系统应用

4.2　基于数据的工程管理、预测与控制

4.2.1　工程管理

工程项目管理贯穿于土木工程施工建设的整体环节,主要包括对项目中的施工质量、安全、进度管理,以及投资管理等方面的内容。由此导致土木工程施工中的工程项目管理工作具有较强的复杂性。其中,PDCA 循环管理方法的运用,能够在很大程度上提高土木工程项目管理(特别是工程质量管理)的水平与效率,是工程管理的重要理论基础之一。

PDCA 循环作为全面质量管理体系运转的基本方法,也需要收集大量数据资料,并综合运用各种管理技术和方法。本节以结果为导向,分析传统施工管理模式的不足,面向工程施工管理主体单位,选择施工管理的典型性工作,以 PDCA 循环管理方法为基础,构建了一个典型的土木工程建设管理标准化、代表性的移动化管理平台,探索土木工程建设管理的数字化转型。同时,还介绍了钉钉(含简道云)搭建管理平台的案例。

一、传统土木工程施工管理的不足

传统工程施工管理模式主要存在以下问题：

(1)作业效率低。施工管理中很多管理工作依靠纸质文件签字确认流转,通过现场查看确定,导致数据流转节点多、周期长、速度慢,并且还存在单据遗失、手工书写难以辨认等问题,造成效率低下、工程各方信息沟通不畅。

(2)现场管控弱。工程施工依靠管理人员责任心实施管理,施工情况无法确保,且工程管理人员的工作绩效难以定量衡量。

(3)质量安全监管难度大。工程现场证据难以获取与保存,项目进展难以衡量和记录反馈,签证变更精细化管理难度大,检查整改工作难以落实,反馈闭环等监管现状导致质量、安全标准化实时管理难度大。

(4)数据精准度不高且难以有效利用。工程施工过程中相关资料难以溯源,存在真实性欠缺、编写滞后且不能有效汇总现象,导致管理改善缺乏有效的数据支撑。

(5)管理成本高。很多管理环节都要耗费大量的纸张和印刷成本,更加重要的是,需要大量现场人员进行相关资料的打印、分发、管理,这些人员主要从事后台支持性、事务性的工作,造成管理成本居高不下。

二、PDCA 循环管理的概念和意义

PDCA 循环最早由美国质量管理专家休哈特博士提出,之后经过戴明进行采纳、改善与推广,由此得名戴明环。PDCA 循环实质上是一条经典管理流程,通常可以分为以下几个阶段：Plan(计划)、Do(执行)、Check(检查)、Action(处理),这几个阶段是螺旋形上升的路径,并非原地打转。而将 PDCA 循环管理模式应用于建筑工程的质量管理工作中,能够在很大程度上加强建筑工程施工过程的标准化,同时还可以加强对建筑工程施工现场的管理,进而保证建筑工程的质量。PDCA 循环的基本解释示意图如图 4-13 所示。

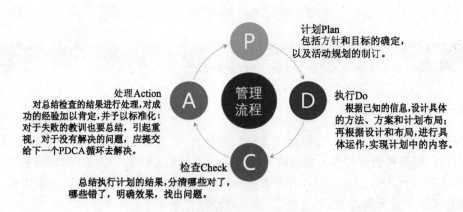

图 4-13　PDCA 循环的基本解释示意图

在建筑工程管理工作中加强 PDCA 管理,利用循环往复的形式对工程项目进行检查与管理,有利于及时发现工程施工过程中出现的问题并进行解决。

三、PDCA 循环管理的实际应用

针对传统土木工程施工管理模式的不足,人们利用移动互联网、云计算、大数据等数字化

技术,结合工程施工管理的 PDCA 循环管理理念,为建设方、监理方、施工方搭建了一个统一的、共享的移动应用平台。这里以某高架桥施工项目管理中的进度管理为例,简要介绍 PDCA 在进度管理中应用的具体工作步骤和实施内容。

某主线高架桥全桥共 7 联:$[2 \times 30 + 3 \times 30 + (40 + 65 + 39) + 3 \times 30 + 3 \times 30 + 4 \times 30 + (32 + 32 + 31.736)]$m,全长 689.736m。上部结构第 3 联采用钢箱梁,其余各跨均采用等截面现浇箱梁;下部结构桥台采用柱式台,桥墩采用花瓶墩和承台柱式墩,墩台基础均采用钻孔灌注桩基础。

高架桥施工分为两个工区:一工区下部结构有 8 个墩台,每个墩台处有 8 根桩;二工区下部结构有 14 个墩,每个墩台处有 4 根桩。每根桩施工工效为 1 个工作日,一工区承台施工工效为 9 个工作日,墩身施工工效为 11 个工作日;二工区承台施工工效为 8 个工作日,墩身施工按照难易程度不同工效有所差异;等截面现浇箱梁支架施工工效为 24 个工作日,上部结构现浇施工工效为 30 个工作日,钢箱梁施工工效为 90 个工作日。某主线高架桥如图 4-14 所示。

图 4-14　某主线高架桥

1. P 阶段(计划阶段)

利用 PDCA 循环管理模式进行土木工程施工进度管理工作时,最重要的是制订目标计划,通过明确工程的施工目标,以此来制订施工进度计划,同时制定相应的管理制度;工程相关班组以此为依据进行施工建设。计划阶段工作内容可以概括为:分析条件、找出问题、制订目标。

根据上述工作步骤,分析该工程项目的进度目标,编制经济、合理的进度计划,得出该主线高架桥计划总工期为 359d。

某主线高架桥施工总进度计划如图 4-15 所示,项目资源计划如图 4-16 所示。

2. D 阶段(实施阶段)

实施阶段主要是根据工程施工的计划与目标进行相应的实施执行,并对其进行实时的监控与测量,确保工程能够严格根据原定计划进行施工建设,同时工程自身的质量、安全也能够得到保障。在工程施工过程中,相关人员还需要对其进行严格的监督与考核,定期或不定期地对其进行检查,确保更加高效地施工。实施阶段的工作内容可以概括为:细化目标、工作留痕、数据说话。施工进度管理的具体工作包括:

(1)技术交底。

(2)细化计划、分解目标。

(3)工作留痕。

（4）数据说话。

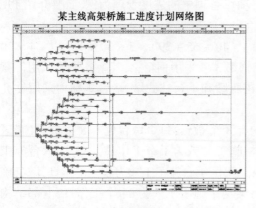

某主线高架桥施工进度计划网络图

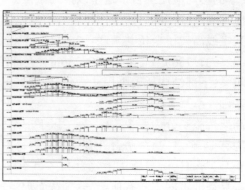

图 4-15　某主线高架桥施工总进度计划　　　　　图 4-16　项目资源计划

实施阶段主要的工作内容包括收集各工序实际施工工效数据、实际工程量完成数据、资源消耗和库存数据等，从"人、机、料、法、环"等方面全面掌握影响进度的主要因素。典型进度数据如图 4-17 所示。

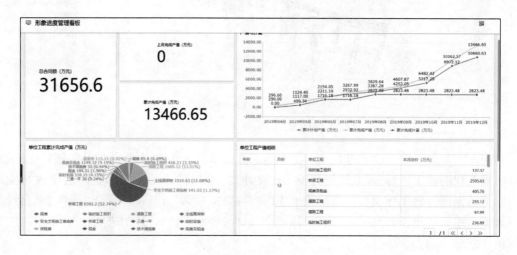

图 4-17　典型进度数据

3. C 阶段(检查阶段)

当土木工程按照施工方案实施之后，相关参建单位的管理人员还需要对实施的结果进行详细的检查，明确制订的施工进度计划是否满足工程项目的标准与需要。此外，在检查工作完成后，相关人员还需要对其进行相应的总结，深入分析工程施工过程中所采取的技术与策略，同时将施工的结果与前期计划的效果进行对比，明确工程实际施工进度的结果与预计结果是否一致。检查阶段的工作内容可以概括为：落实检查、及时总结、结果对比。施工进度管理的具体工作包括：

（1）自检互检。

（2）专业检查。

（3）质量巡查。

（4）验收检查。

该主线高架桥在工程开工1个月后,对实施阶段采集到的数据进行进度检查分析,通过进度前锋线,管理人员可以直观地看出哪些环节进度滞后,及滞后对整个工程进度的影响。进度前锋线如图4-18所示。

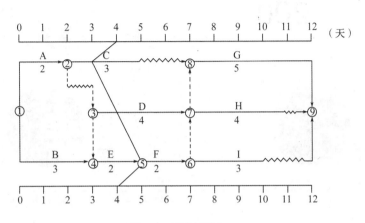

图4-18 进度前锋线

4. A阶段(处理阶段)

处理阶段应充分分析当前循环过程的检查结果,同时根据相关制度来对误差问题进行处理,并以此来制订出下一环节的操作方案。

针对该主线高架桥的进度数据进行分析,可以发现关键线路上的13号墩桩基工作影响总工期3d,其余几处滞后环节由于在非关键线路上,其进度滞后仅影响本工作,不影响总工期。项目完成时间预测及分析如图4-19所示。

编号	工作名称	计划开始	计划结束	工期	已用工期	实际%	计划%	预计结束	剩余工期	超/滞
1	1#台墩身	2019-11-19	2019-12-02	13	12	60	92.31	2019-12-06	5	4
2	18#墩承台	2019-11-23	2019-12-01	8	8	40	100	2019-12-06	4	4
3	17#墩承台	2019-11-23	2019-12-01	8	8	90	100	2019-12-02	1	1
4	22#墩墩身	2019-11-23	2019-12-04	11	8	60	72.73	2019-12-05	4	1
5	21#墩墩身	2019-11-23	2019-12-04	11	8	60	72.73	2019-12-05	4	1
6	14#墩桩基	2019-11-27	2019-12-01	4	4	50	100	2019-12-03	2	2
7	13#墩桩基	2019-11-27	2019-12-01	4	4	20	100	2019-12-04	3	3
8	5#墩桩基	2019-11-27	2019-12-05	8	4	20	50	2019-12-07	6	2
9	6#墩桩基	2019-11-27	2019-12-05	8	4	30	50	2019-12-07	5	1
10	16#墩承台	2019-11-27	2019-12-05	8	4	60	50	2019-12-04	3	-1
11	15#墩承台	2019-11-27	2019-12-05	8	4	50	50	2019-12-05	4	0
12	3#墩承台	2019-11-27	2019-12-06	9	4	50	44.44	2019-12-06	4	-1
13	4#墩承台	2019-11-27	2019-12-06	9	4	50	44.44	2019-12-06	4	-1
14	20#墩墩身	2019-11-27	2019-12-10	13	4	30	30.77	2019-12-10	9	0
15	19#墩墩身	2019-11-27	2019-12-10	13	4	40	30.77	2019-12-09	7	-2
16	2#墩墩身	2019-11-28	2019-12-09	11	3	20	27.27	2019-12-10	8	0

项目完成时间预测 (及分析)

项目滞后,预计总工期超出 3天

原计划:项目开始 2019-11-01,项目结束:2020-04-07 15:59:00,项目工期:159天
预 测:项目开始 2019-11-01,项目结束:2020-04-10 15:59:00,项目工期:162天

● 根据运行工作剩余时间预测工期
分解运行工作调整计划

超前的工作|滞后的工作|导致总工期的滞后的工作|导致总工期提前的工作|正在做的工作|前面已经完成的工作|后面要开始的工作|分解规则

图4-19 项目完成时间预测及分析

13号墩桩基施工进度滞后的原因分析：

（1）资源情况。劳动力进场分析如图4-20所示。

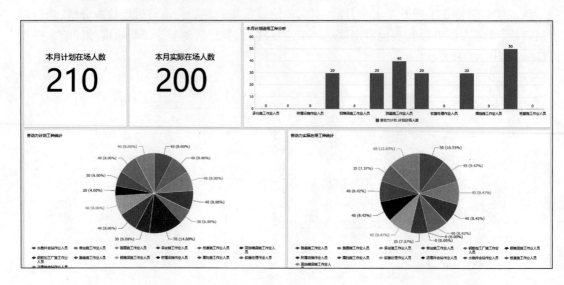

图 4-20　劳动力进场分析

（2）天气状况。晴雨表如图4-21所示。

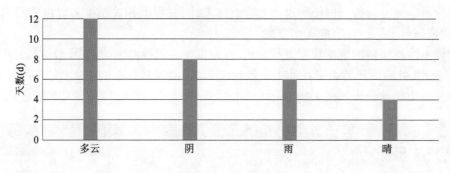

图 4-21　晴雨表

通过分析发现，影响本月进度计划的主要原因为该地区本月进入雨季，全月下雨天数达8d，项目部事先未做好雨天施工的预案，严重影响了工期。同时，本月项目部计划投入工人210人，实际到岗200人，对工期也有一定影响。

改进方式：根据上述分析结果，项目部应调整原有进度计划，应增加1个工作面，同时配套相应的班组；多渠道寻找材料供应商；立即编制雨季施工预案。

四、工程管理的数字化应用

工程管理的数字化建设的基本内容包括如下方面。

1）工程设计数字化

工程设计数字化包括产品的市场分析、方案设计、技术设计、工艺设计4个阶段的数字化，涉及基础技术、主体技术、支撑技术和应用技术4个层次。

2）决策管理数字化

决策管理数字化主要有面向决策管理,如决策支持系统、数据挖掘技术、联机分析处理（OLAP）以及专家系统等;面向生产计划管理,如制造资源计划（MRPII）、企业资源计划（ERP）、供应链管理（SCM）、企业流程重组（BPR）等;面向质量管理,如全面质量管理（TQM）、质量功能展开（QFD）、在线质量检验、质量认证可靠性技术等;其他管理,如办公自动化（OA）、虚拟企业管理等。

3）商务活动数字化

商务活动数字化主要有电子商务（EC）、客户关系管理（CRM）、电子数据交换（EDI）等。

4）支撑环境数字化

支撑环境数字化包含互联网、数据库、大数据、物联网及其相关的软件环境。

当项目或企业完成信息化建设后,运用信息化系统进行的管理及运营就拥有如下几点优势:

（1）配置有完善的数字资料库及各类履历表,在方便资料查询共享的同时,解决了纸质资料不易保管、存储的问题。

（2）能直观全面地查看项目进度（图4-22）,保证项目的准确性及管理的及时性。

图4-22　项目进度

（3）数字式 BPM 流程（图4-23）,既让审批申请过程清晰明了,又提高了流程运转效率。

（4）运营中的数据统计、分析,为后期的管理决策提供数据基础。

在信息时代,除了传统的物质生产外,人们越来越关注信息（包含信息获取、传递、分析处理及运用等）的价值。ERP 则是在信息化建设过程中逐步成熟的一套全面的信息管理体系。此外,随着移动办公需求的持续增加,以及企业需求的千差万别和不断变迁,近年来,以钉钉（阿里巴巴）、企业微信（腾讯）为代表的可自主定义的移动办公平台的崛起及快速迭代,为企业、工程（项目）管理提供了新的思路和工具。

所谓 ERP 系统,是企业资源计划系统的简称,该系统是以信息技术为技术基础、以系统化的管理为思想的综合管理系统。

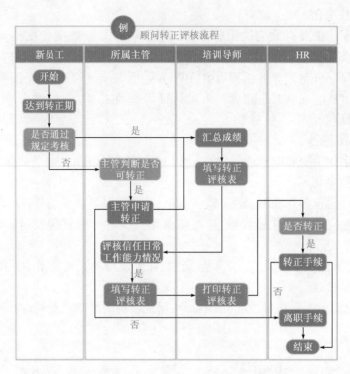

图 4-23　数字式 BPM 流程

ERP 的内涵：

(1)从管理思想的角度看,美国著名计算机咨询和评估集团 Gartner Group Inc. 对信息时代制造业管理信息系统的发展趋势和即将发生的变革做出了预测,提出了一整套企业管理系统体系标准。

(2)从软件产品的角度看,ERP 是一种综合应用了前端机/服务器体系、关系数据库结构、面向对象技术、图形用户界面、网络通信等信息化产业成果,以企业管理思想为灵魂的软件产品。

(3)从管理系统的角度看,ERP 系统是整合项目业务流程、基础财务数据、人力资源、物资资源、计算机硬件和信息化软件于一体的企业资源管理系统。ERP 概念层次图如图 4-24 所示。

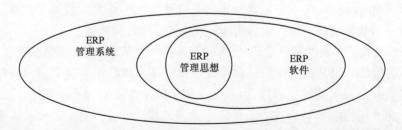

图 4-24　ERP 概念层次图

传统的 ERP 系统存在初期投入高,修改、更新和升级困难等不足,而大多数项目工程真正需要的是一套简便、普及,可根据自身发展迭代的信息化管理系统。随着智能手机的普及及其性能的不断提升,企业对移动式的办公、管理平台的需求日益显著。在这种背景下,阿里巴巴开发的钉钉平台及腾讯开发的企业微信平台,正成为新一代ERP强有力的选项。

其中,钉钉平台能提升企业项目的协同效率及流程管理能力,具有如下特点。

(1)移动端 + PC 端的布局。

可随时随地通过客户端登录操作,保证项目办公的及时性和便利性。

(2)提供云服务器。

传统的 ERP 类软件都采用本地服务器的布局方式,异地访问速度慢。而钉钉采用分布式云服务器,既保证了数据备份安全,又保证了服务器响应速度。

(3)完善的通信沟通、时间管理机能。

与传统 ERP 类软件相比,钉钉提供扁平化、可视化的组织架构,方便沟通联系。同时,配置会议安排、日程提醒、定位签到等功能,时间管理与考勤管理如图4-25、图4-26 所示。

图 4-25　时间管理　　　　　　　　图 4-26　考勤管理

(4)集成简道云开发工具。

每个项目每个业务,在不同的时间段都有自身的运行逻辑。但传统的 ERP 管理软件,在设定制作好流程后,由于资金或专业技术问题,几乎很难进行修改。而钉钉集成的简道云开发工具,通过拖拽、自定义业务逻辑顺序,设置用户数据权限,即可完成一套业务流程,并且随时可以根据自身发展,进行完善迭代,如图 4-27 所示。

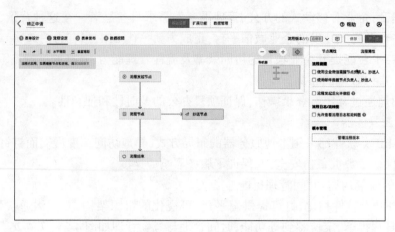

图 4-27　自定义 BPM

（5）强大的统计报表。

除了传统的数据结果报表外,简道云还能将流程运转过程、周期等信息做成数据、图形报表并进行统计分析,从而可以从不同维度观察项目运行状况,如图 4-28 所示。

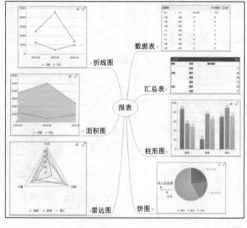

图 4-28　报表模板

4.2.2　工程预测

当前,以大型桥梁、隧道、超高层建筑为代表的基础设施的规模越来越大,复杂程度也越来越高。在各种因素的作用下,其性能及健康状态不可避免地会发生退化,进而造成设施的最终失效。而一旦发生由于失效引起的事故,所造成的人员、财产损失甚至是环境破坏往往不可估量。因此,在设施运行过程中,如果能在其性能退化的初期,尤其是尚未造成重大危害时,根据监测信息,及时发现异常或定量评价设施的健康状态,预测系统的剩余寿命,并在此基础上确定对系统维护的最佳时机,对于保障基础设施的安全运营、提高设施的可靠性和经济性具有重要意义。

在土木工程中,针对重要结构的监测一般称为结构健康监测(Structure Health Monitoring,简称 SHM),其主要利用远程监测技术,通过对结构的振动、变形及倾斜等状态数据的连续收集并分析,进而对结构的损伤程度和健康状态进行评判。自 20 世纪 80 年代起,SHM 就已在大型桥梁中得到了广泛应用,目前在我国的大跨径桥梁建设和运营中,SHM已经成为标配。

近10年来,在工业领域随着对关键设备的可靠性和安全性要求的不断提高,监测技术的不断进步,准确地评估与预测设备未来一段时间发生失效的概率,亦即预测与健康管理(Prognostics and Health Management,简称PHM)已经成为国内外的热门研究课题。PHM在航空航天、武器装备等安全和可靠性要求较高的领域体现了巨大的价值。20世纪末,美国、英国等正式将《设备性能预测与维修全面解决方案》命名为PHM,随着该方案的成功,PHM系统成为了当时技术的最高水平。

SHM与PHM的出发点都是基于监测数据。但与SHM相比,PHM的范围更广,其不仅可以判断当前结构(系统)的健康或安全状态,还可以预测其剩余寿命。并在此基础上,以最小化代价为目标进行维修决策,进而提出最佳健康管理措施,如图4-29所示。

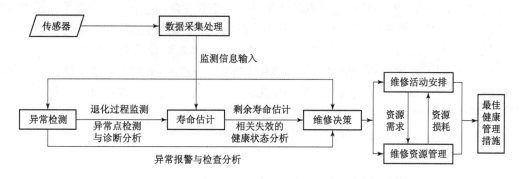

图4-29　PHM的基本组成结构

PHM的关键在于通过监测、检测数据来预测设备、设施的剩余寿命。目前,剩余寿命的预测方法大致可以分为基于机理模型的研究方法和基于数据驱动的方法。由于现代设施、设备的复杂性和不确定性的不断增加,建立准确的机理模型的难度也不断增大,因此,基于数据驱动的方法逐渐成为主流。由此可见,获取可靠的数据对于保障结构的安全性、提高经济性等是十分重要的。

可以预见,PHM必定会成为基础设施养管技术研究的重要方向。

4.2.3　土木工程自动化技术

自动化技术在办公、机械、信息、工业、建筑等各个行业都得到越来越广泛的应用。同时,随着计算机技术、控制技术等的发展,自动化也从物理活动向着信息活动的自动化发展,如利用计算机来自动设计,而不只是辅助设计。当然,在建筑领域,自动化技术也渗透到勘察、设计、施工、监理、检测、养护管理等各个环节。

一、桥梁自动化勘察设计

中铁第四勘察设计院研发了针对桥梁勘察、设计、施工管理等平台,具体包括智能辅助勘察平台、智能辅助设计平台和桥梁工程量处理及知识管理系统,可实现勘察外业工作一站式处理,智能化桥式方案布置,三维参数化自动建模,分析、计算、配筋、出图一次性完成。桥梁智能辅助勘察平台和桥梁智能辅助设计平台如图4-30所示。

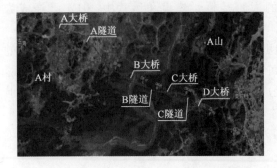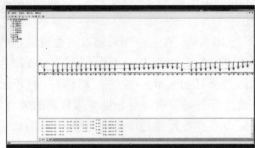

图4-30　桥梁智能辅助勘察平台(左)和桥梁智能辅助设计平台(右)

二、道路自动化选线及虚拟建模

在公路、铁路工程中,对路线选择点的优化是一个非常复杂的组合优化问题。问题可以描述为在给定两点间找到一个序列使总成本最小。根据以往的研究经验,在道路选择优化中有两个关键因素,即一个好的搜索算法和一个精确有效的计算总综合成本的方法。

在铁路工程中,西南交通大学高速铁路线路工程教育部重点实验室开发了铁路数字化选线系统,这个系统集成了三维大场景地质环境建模平台。系统的数据源来自航测信息及网络免费地理信息等空间信息,该系统具有信息的识别、处理、表达、人机交互式操作等一系列功能,适用范围广,可用于铁路项目的前期规划、初步设计和施工图设计、建设施工和运营管理的全生命周期。大屏幕投影式半投入型虚拟环境系统如图4-31所示。

图4-31　大屏幕投影式半投入型虚拟环境系统

三、路桥隧综合管理系统

某路桥隧综合管理及健康监测系统核心包括 GIS 技术、三维技术、数据交换技术、健康监测传感器技术、"插件式"系统架构。核心模块包括路桥隧管理子系统、地理信息子系统、桥梁健康监测子系统、数据交换子系统,如图4-32所示。

该系统具有以下特点:①分层 + 扁平化的授权模式,让信息流通起来;②路桥隧子系统收集结构化数据,健康监测收集实时数据;③丰富的自定义报表和统计功能;④养护施工管理闭环,资金审批有据可依。

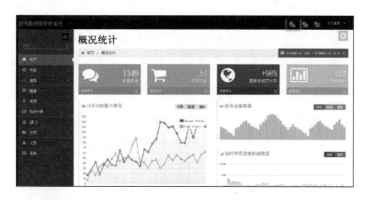

图 4-32　某路桥隧综合管理系统

地理信息子系统可以整合地理信息,并分别按照三维地球、卫星地图和平面地图的效果呈现出来。数据交换平台软件子系统也可以整合系统设计规划。

数据监测子系统(图 4-33)可以分别针对结构温度、挠度、伸缩缝位移、应变等控制指标进行监测并支持个性化定制,同时还可以进行数据统计,生成报告报表。

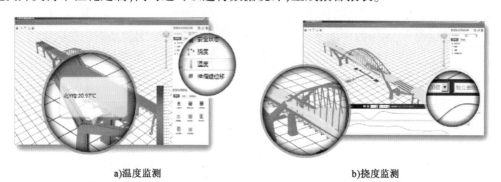

a)温度监测　　　　　　　　　　　　　　b)挠度监测

图 4-33　数据监测子系统

4.2.4　机器人技术

机器人技术为土木工程学科的发展带来新的机遇,人类的大规模体力劳动和恶劣环境下的工作必将被机器或机器人所取代。本节从机器人技术入手,介绍机器人技术在土木工程智能建造和智能养护维修方面的典型应用。

一、机器人的基本构成

关于机器人的定义有很多,一般认为"机器人(Robot)是一种能够半自主或全自主工作的智能机器",它既可以接受人类指挥,又可以运行预先编排的程序,也可以根据以人工智能技术制定的原则纲领行动。目前,从应用环境出发可将机器人分为两类:制造环境下的工业机器人和非制造环境下的服务与仿人型机器人,也可将其分为工业机器人与特种机器人。而在土木工程领域,主要是应用特种机器人。

无论是工业机器人还是特种机器人,都由机械部分、传感部分、控制与驱动部分三部分组成。

1.机械部分

典型的工业机器人的机械结构系统由机身、手臂、末端操作器三大件组成。每一大件都有若干自由度,从而构成一个多自由度的机械系统。从机械结构来看,工业机器人总体上分为串联机器人和并联机器人。串联机器人的特点是一个轴运动会改变另一个轴的坐标原点,而并联机器人一个轴运动则不会改变另一个轴的坐标原点。早期的工业机器人都是采用串联机构。并联机构为动平台和定平台通过至少两个独立的运动链相连接,机构具有两个或两个以上自由度,是一种以并联方式驱动的闭环机构。并联机构有两个构成部分,分别是手腕和手臂。手臂活动区域对活动空间有很大的影响,而手腕是工具和主体的连接部分。与串联机器人相比较,并联机器人具有刚度大、结构稳定、承载能力大、微动精度高、运动负荷小的优点。在位置求解上,串联机器人的正解容易,但反解十分困难;而并联机器人则相反,其正解困难,反解却非常容易。

2.传感部分

传感部分由内部和外部的传感器模块组成,传感器用来获取内部和外部环境中有用的信息。机器人传感系统把机器人各种内部状态信息和外部环境信息从信号转变为机器人自身或者机器人之间能够理解和应用的数据和信息,如位移、速度和力等。其中,视觉伺服系统将视觉信息作为反馈信号,用于控制调整机器人的位置和姿态。视觉伺服系统还在质量检测、识别工件、食品分拣、包装的各个方面得到了广泛应用。智能传感器的使用提高了机器人的机动性、适应性和智能化水平。

3.控制与驱动部分

控制系统的任务是根据机器人的作业指令及从传感器反馈回来的信号,支配机器人的执行机构去完成规定的运动。根据控制原理控制系统可分为程序控制系统、适应性控制系统和人工智能控制系统。根据控制运动的形式可分为点位控制和连续轨迹控制。

驱动系统是向机械结构系统提供动力的装置,根据动力源不同,其传动方式主要有液压式、气压式、电气式和机械式等。

二、土木工程中机器人的主要类型概述

1.自动摊铺碾压机群

自动摊铺机(图4-34)是一种主要用于高速公路上基层和面层各种材料摊铺作业的施工设备,其采用无线/有线通信技术,采用无人驾驶模式,实现远程在线监测。通过车上安装的大量传感器,不仅可以自动规划路线,工程师还能采集路面平整度、沥青温度、碾压速度等数据。通过大数据的分析,还可根据不同条件自动优化施工参数。

2.智能爬索机器人

智能爬索机器人通过集成先进的步进驱动系统、视频系统、雷达系统、测速系统、陀螺防翻转系统,实现了全时四驱、爬升返回、自动导航、定向定位、远程遥控、实时监控功能,确保了机器人高空检测的准确性与科学性。智能爬索机器人载着高清摄像头,可以在悬索上下活动扫描,获取悬索表面图像,然后利用数字图像成像系统对裂缝区域进行影像摄影和分析,获得裂缝的影像宽度、长度和走向等信息,甚至可以分辨小于0.1mm的裂纹。该成果目前已完成室

内试验,并运用于广西外环高速公路的某大桥悬索检测工作中,获得了验收专家组的一致肯定。智能爬索机器人如图4-35所示。

图4-34　路面自动摊铺机

图4-35　智能爬索机器人

3.爬壁机器人

爬壁机器人(图4-36)是指可以在垂直墙壁上攀爬并完成作业的自动化机器人。爬壁机器人又称为壁面移动机器人,因为垂直壁面作业超出人的极限,因此,在国外又称为极限作业机器人。爬壁机器人必须具备吸附和移动两个基本功能。而常见吸附方式有负压吸附和永磁吸附两种。其中负压吸附方式可以通过吸盘内产生负压而吸附于壁面上,不受壁面材料的限制;永磁吸附方式则有永磁体和电磁铁两种方式,只适用于吸附导磁性壁面。中国铁道科学研究院基础设施检测研究所自主研发的爬壁机器人采用十字形框架式结构,利用海绵真空负压吸盘组进行吸附。该机器人走行过程中具有位姿保持和调整能力,可保障雷达电磁波信号的稳定性和可靠性。爬壁机器人搭载地质雷达,可对隧道进行检测。

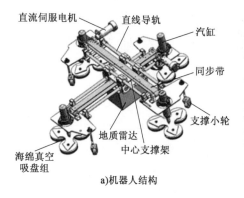

a)机器人结构　　　　　　b)携雷达走行　　　　　c)现场检测作业

图4-36　爬壁机器人

三、自动搬运机器人AGV

AGV(图4-37)是Automated Guided Vehicle的缩写,意为"自动导引车"。AGV机器人属于轮式移动机器人的范畴,在没有人工指引或驾驶的前提下,它能够沿已设定的导引路径行驶,往返于材料存放和目的地之间,自动安全地进行各种物料的搬运和转载,整个过程中无须人的参与。AGV小车具有良好的灵活性,其行驶路径可根据仓储位置和生产过程的要求而变化。

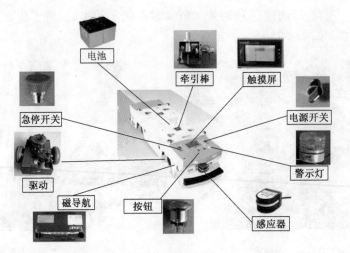

图 4-37　自动搬运机器人 AGV

AGV 的关键技术之一为环境感知与信息融合技术。AGV 系统可靠运行的前提是通过各种传感器准确捕捉环境和自身的状态信息,并加工处理,随后发出预警或者实施自动操控。采用多传感器信息融合技术,即将多个传感器采集的信息进行合成,形成对环境特征的综合描述,这种方法能够充分利用多传感器数据间的冗余和互补特性,获得我们需要的充分的信息。利用多源信息的关联组合,充分识别、分析、估计、调度数据,完成下达决策和精确处理信息的任务,并对周围环境、状态等进行适度的估计。

AGV 另一关键技术是定位与导航技术。AGV 的导航引导方式也多种多样,主要分为磁导航、光学导航、激光导航、视觉导航、GPS 导航和惯性导航等。定位与导航技术的好坏直接决定了 AGV 的精确性和性能稳定性,同时也决定了 AGV 功能性、应用实用性、自动化程度等关键因素。定位是通过传感器来感知外部信息,通过主控制器的有效控制,以确定被控装置在现场布局中的位置。定位技术可以控制 AGV 在路径中的位置,通过位置信息准确下达对应任务。

AGV 作为一种集光、机、电、计算机等多方面技术为一体的智能机器人,包含了当今科技先进的理论和应用技术。AGV 具有先进性、可靠性、灵活性、独立性、兼容性以及安全性。因其在目标检测、货物搬运、目标牵引及生产线装配等领域的特殊用途,AGV 的应用已深入到土木工程、物流、机械加工、家电生产、汽车制造、微电子制造、食品加工等多个行业。

四、路面、梁板检测机器人

路面、桥梁养护是公路养护中的重要一环,但因为路面桥梁构件数量繁多且不宜直接观测,检测桥梁病害一直是一项"苦差事"。传统桥梁病害主要依靠人工裸眼或使用桥梁检测车辆检测,费时耗力还成本颇高,同时还存在一些安全隐患。在诸多新兴的路面桥梁检测技术中,路面、梁板检测机器人是一个可以在路面桥梁各结构间灵活移动的工作平台(基于 AGV),在此基础上可集成各种检测装置,如视频、地质雷达、IAE 等。

图 4-38 是一个搭载了 IAE 的自动检测机器人,具有自动导航、避障、检测、分析等功能,具有经济、高效、准确和安全等特点。

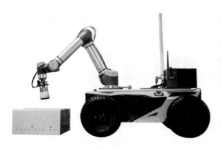

图 4-38　工程检测机器人

"1＋X"考证训练题

本教材将"1＋X"职业技能等级证书标准有关内容要求有机融入教材,下列试题与"1＋X"路桥工程无损检测职业技能等级证书考核密切相关。其中选择、判断题对应中级证书,思考题对应高级证书(高级覆盖中级)。任课教师可根据课程需要,因材施教,梯度教学。

一、单选题

1.以下哪个不是数据的展现形式?(　　)

　A.图表　　　　　　B.地图　　　　　　C.统计表　　　　　D.数据分析

2.以下哪个不是 BIM 的特性?(　　)

　A.施工方法　　　　B.可视化展示　　　C.协调　　　　　　D.模拟分析

3.以下哪个不是传统工程管理模式存在的问题?(　　)

　A.作业效率低　　　B.现场管控弱　　　C.数据精度高　　　D.管理成本高

4.PDCA 循环管理中的 P 是什么意思?(　　)

　A.检查　　　　　　B.计划　　　　　　C.处理　　　　　　D.执行

5.以下哪项不是施工进度管理的具体工作?(　　)

　A.施工图纸设计　　B.自检互检　　　　C.质量巡检　　　　D.验收检查

6.以下哪部分不是机器人的基本构成?(　　)

　A.机械部分　　　　　　　　　　　　　B.传感部分

　C.控制与驱动部分　　　　　　　　　　D.分析部分

7.以下哪种不是土木工程中的主要机器人?(　　)

　A.自动摊铺碾压机群　　　　　　　　　B.爬壁机器人

　C.自动搬运机器人　　　　　　　　　　D.电气运维机器人

8.在土木工程里面,相比于人工来说,机器人的优势在于(　　)。

　A.成本高　　　　　B.技术成熟　　　　C.效率高　　　　　D.作业面广

二、多选题

1.机器人由(　　)部分组成。

　A.执行机构　　　　B.传感系统　　　　C.控制系统　　　　D.驱动装置

2.机器人常用的驱动方式主要有（　　　　）。

  A.液压驱动　　　　　B.气压驱动　　　　C.电气驱动　　　　D.机械驱动

3.在土木工程中应用的机器人有（　　　　）。

  A.智能爬索机器人　　　　　　　　B.爬壁机器人

  C.自动搬运机器人　　　　　　　　D.路面、梁板检测机器人

4.根据控制原理,控制系统可分为（　　　　）。

  A.程序控制系统　　　　　　　　　B.适应性控制系统

  C.驱动系统　　　　　　　　　　　D.人工智能控制系统

5.AGV 的导航导引方式有（　　　　）。

  A.磁导航　　　　　B.视觉导航　　　　C.激光导航　　　　D.GPS 导航

三、判断题

1.机器人的大脑是控制器。（　　　）

2.机器人避障运动中,机器人用于判断前方有没有障碍物的传感器是颜色传感器。（　　　）

3.交互系统用来实现机器人与外部环境中的设备相互联系和协调。（　　　）

4.超声测距是一种接触式的测量方式。（　　　）

5.AGV 机器人属于足式移动机器人的范畴。（　　　）

四、思考题

1.BIM 在设计—施工—运维阶段有哪些应用?

2.可视化图表的类型有哪些?（举 5 个类型即可）

3.路桥隧综合管理与健康监测系统核心技术及核心模块有哪些内容?

4.PDCA 循环由哪 4 部分内容组成?

本章参考文献

[1] 廖衡湘,刘功.基于 BIM 的高速铁路接触网施工可视化培训应用研究[J].科技经济导刊,2017(30):43-45.

[2] 陈小燕,干丽萍,郭文平.大数据可视化工具比较及应用[J].计算机教育,2018(6):97-102.

[3] 司小胜,胡昌华.数据驱动的设备剩余寿命预测理论及应用[M].北京:国防工业出版社,2016.

第二篇 实例篇

数字技术在土木工程中的应用

第5章 数字技术在工程建造中的应用

 学习导读

　　本章介绍了智慧工地的概念与特征,展现了当前智慧工地的典型应用场景。同时,以智慧管理云平台、连续压实控制系统、建筑基坑在线监测系统、隧道工程衬砌质量信息管理系统等应用场景为代表,详细剖析了数字技术在工程建造中的应用,使学生在学习过程中有实际工程可以参考。

5.1 智慧工地技术架构及模块

5.1.1 智慧工地的技术基础和架构

　　智慧工地是数字技术在工程建造中的应用的具体体现。智慧工地聚焦施工现场管理,通常由大屏管理中心、PC 客户端和 App 客户端三部分组成,形成由总平台面向多项目子平台、各个业务子系统的直线管控流程。智慧工地系统涵盖了人员、监控、巡更、整改与罚款、车辆管理(碾压管理)、工程物联网监测、工程质量检测、资料管理、物料管理、劳务管理、行为识别、手机巡检等诸多子模块,适用于工程现场的人、机、料、法、环等各个关键要素环节。通过与施工过程相融合,智慧工地技术可以提高施工现场的生产效率、管理效率和决策能力。

　　智慧工地中的"智慧"体现在改进工程各干系组织和岗位人员相互交互的方式,以便提高交互的明确性、效率、灵活性和响应速度。要实现智慧工地,就必须要做到不同项目成员之间、不同软件产品之间的信息数据交换。由于这种信息交换涉及的项目成员种类繁多、项目阶段复杂且项目生命周期时间跨度大、应用软件产品数量众多,只有建立一个公开的信息交换标准,使所有软件产品通过这个公开标准实现互相信息的交换,才能实现不同项目成员和不同应用软件之间的信息流动。智慧工地大数据平台示例如图 5-1 所示。

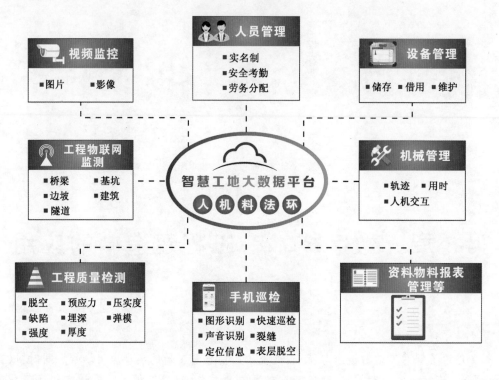

图 5-1　智慧工地大数据平台示例

5.1.2　智慧工地功能模块

智慧工地涵盖的功能丰富多样,通常其系统由管理中心 + 功能模块构成。功能模块又可以按照采取数据的方法不同,分为基于固定物联网技术的远程监测功能模块,基于移动终端的智慧工地功能模块,且一般都具备统计、提醒等常见功能。

一、智慧工地管理中心

作为数据综合管理平台,智慧工地管理中心(图 5-2)是智慧工地的"大脑",进而将工地各个功能模块的数据指标进行整合,为管理者决策提供依据。数据综合管理平台主要包括:

(1)UI(用户)交互界面(含可视化展现等)。

(2)与各功能模块的接口。

(3)后台分析、流程管理等。

二、基于固定物联网技术的远程监测功能模块

1. 基本架构

远程监测模块基于物联网技术、各种传感器、调制解调、有线/无线等多网络连接技术,并通过云储存与云计算来建立,在智慧建造中的应用十分广泛。工程物联网监测如图 5-3 所示。

相关资源见路桥隧监测视频二维码。

图 5-2　智慧工地管理中心

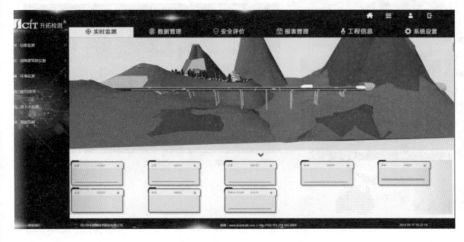

路桥隧监测视频

图 5-3　工程物联网监测

2.典型功能模块

1)工程结构变形、应力及环境监管模块

此模块针对工程结构变形、各项应力、场地环境(降雨、扬尘、噪声)等参数进行实时监测(图 5-4),通常结合地理信息系统使用。

2)人员实名制系统

人员实名制系统(图 5-5)也称智慧劳务管理系统,是以实名制管理为基础的人员管理体系,通过对施工现场人员实名授权,实现劳务结构分配、安全教育、门禁管理、考勤管理等功能。

图 5-4 工程结构变形、应力及环境监管模块

3)车辆出入及运行轨迹管理系统

车辆出入管理系统(图 5-6)集车牌识别系统、控制机、道闸、承重、轨迹等于一体,进行车辆出入权限管理与驾驶员实名登记授权,严格管理工地车辆出入。此外,通过轨迹监测,可以防止违规操作。

图 5-5 人员实名制系统

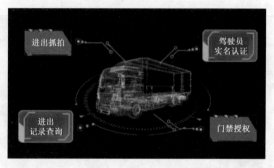

图 5-6 车辆出入管理系统

4)数字展示监控系统

数字展示监控系统(图 5-7)运用基于地理信息系统开发的"数字沙盘"技术,直观掌握重要的空间信息,提升工程主要信息的展示效果。

此外,还有针对施工质量、安全的各种应用场景,详见本章第 5.2 节。

三、基于移动终端的智慧工地功能模块

1.基本架构

随着性能的不断提升,智能手机越来越成为人们生活中不可或缺的一部分。移动式智能巡检系统一方面依托于智能手机的录音、拍摄、内置传感器及外接功能,通过外部链接设备或内部自有设备实现信号输入,利用手机的采集分析、通信能力等实现不同的功能;另一方面,利用手机强大的通信及交互机能,可以使人员、流程、资料等各种管理更加快捷。

图 5-7　数字展示监控系统

2.典型功能模块

1）基于手机声频的结构缺陷检测模块

使用手锤敲击测试位置,通过麦克风收集到的音频击振信号同标记数据比对,判断测试处是否存在缺陷或脱空,如图 5-8 和图 5-9 所示。相关资源见智慧工地——手机巡检演示二维码。

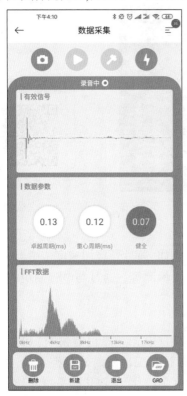 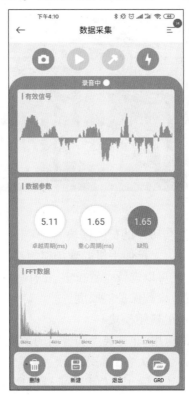

智慧工地——
手机巡检演示

图 5-8　手机声频检测界面

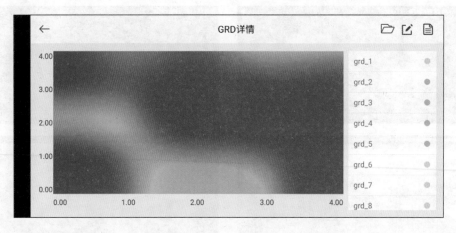

图 5-9　等值线图

2）基于手机视频的结构缺陷检测及信息收集模块

通过手机的拍照功能，不仅可以检测裂缝宽度、识别裂缝轮廓，还可以通过扫描二维码等方式，与各类信息进行互联。

图 5-10 是一个二维码公示系统，使用二维码＋互联网云技术，可以达到信息共享、规范流程、提高施工效率和加强管理的目的。

拌和站与工地试验室

图 5-10　二维码公示系统

3）基于手机其他外置传感器的检测模块

外接各类传感器可以大大延伸手机的现场检测功能。例如，通过外接加速度传感器，不仅可以测试开口裂缝深度，还可以进行空置拉索、拉杆等的张力检测等。通过与电磁模块的无线连接，可以测试钢筋位置及检测保护层厚度等。

4）基于手机交互功能的应用模块

基于手机交互功能的应用，非常典型和普遍的系统为钉钉（在第 4 章已有说明）和企业微信。其高度集成了日常办公的大多数需求模块，当然也包含智慧工地所需的各类人员、物资、流程、项目、资金等管理模块。除了钉钉和企业微信这样高度集成化、模块化的系统之外，也可以单独构筑不同功能的模块。例如：

①教育、考试、罚款系统。

利于手机的交互特性,可实现教育及考试系统的移动化,摆脱了传统模式出卷难、认证难、监考难、评卷难等问题。同时,还可将线上罚单和线下罚款相结合,让整个过程变得更高效,及时发现问题并整改,对不良行为说"NO"。安全考试及 VR 教育系统如图 5-11 所示。

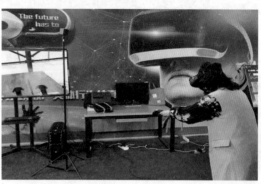

图 5-11　安全考试及 VR 教育系统

②施工进度管理系统。

项目管理人员根据现场进度情况,采用手机联动现场摄像头抓拍和现场拍照相结合的方式,对现场施工情况进行实时记录,如图 5-12 所示。

图 5-12　施工进度管理系统

四、大数据分析模块

由于智慧工地涉及的内容很多,收集的数据不仅数量庞大,而且种类众多。因此,对收集的数据进行深入分析和挖掘,可以大大提升系统的智慧程度,更好地发挥系统功效。其中,大数据和 AI 结合是非常有效的分析手段,也是未来的发展趋势。

对于智慧工地而言,安全、质量、经济性、工期等都是需要关注的对象。例如,根据前述 IoT、手机巡检以及流程管理,再通过 BIM、U3D 等可视化工具,可以将各类检测设备、监测系统和数据库进行连接,对重要结构物的建设质量,以及运营期状况的检测、监测数据进行可视化管理,从而构成重要结构的全生命周期管理的三维数字化系统,为保证施工质量、提升运营维护管理水平提供强大的支持。

5.2   智慧工地典型应用场景

在本节中,以某公路项目、基坑项目、预制梁场项目等提升品质的智慧工地系统为应用场景,阐述智慧工地整体构成,并重点介绍其关键模块,如连续压实控制系统、基坑边坡开挖在线监测系统、高耸施工设施安全监测系统、智慧预制场信息化管理系统等。

5.2.1   公路工程品质提升系统的整体构成

某公路局为了提升新建和扩建工程的建设质量,保障工程安全,构筑了以质量、安全管理为中心的智慧管理云平台,如图 5-13 和图 5-14 所示。

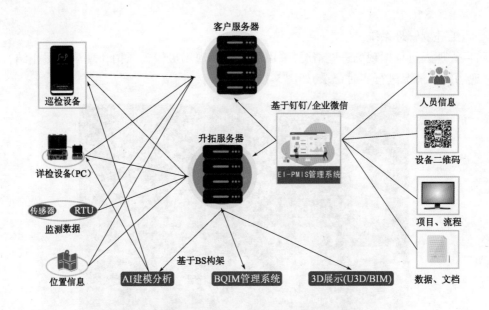

图 5-13   基于数据源的平台功能架构示意图

该平台具有如下特点:

(1)可有效提高工程整体质量和安全性,确保重点工程的优良质量。

(2)可有效提高建设单位、参建单位(施工、监理、检测等)的信息化水平,并起到降本增效的作用。

(3)关注施工过程与实体质量,软、硬件紧密结合。

(4)基于模块化的构建思想,便于系统的升级、维护。

(5)可嵌入建设方已有的平台,避免重复性建设。

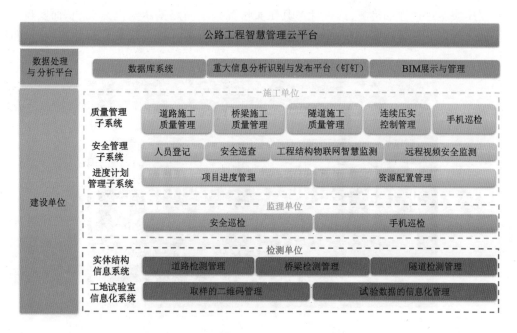

图 5-14 基于功能区分的平台功能架构示意图

5.2.2 连续压实控制系统

在填方工程中,材料的选取、压实质量的好坏与结构的耐久性有着密切的关系。当压实不到位或者不均匀时,很容易造成结构的不均匀沉降,进而造成结构开裂等问题。严重时,还可能造成路基失稳,如图 5-15 所示。

图 5-15 路面开裂及路基失稳

连续压实控制系统主要针对路基、机场等填方工程的连续压实施工,通过厘米级的高精度定位设备,可实时远程监控压路机的轨迹、振动频率、碾压速率等参数,自动计算碾压遍数,生成碾压次数热力图,根据热力图计算各碾压遍数占比,施工过程中对漏碾、过碾等情况进行实时处理。同时传感器采集碾压轮的振动数据,通过落球检测设备对压实指标值(CEV)进行标定,然后计算路基 CEV。碾压完成后可通过落球检测

智慧连续压实视频

设备对碾压质量进行详细检测,连续计算其压实情况并绘制路基压实度云图,从而实现碾压、检测一体化管理。连续压实控制系统示意图如图 5-16 所示。相关资源见智慧连续压实视频二维码。

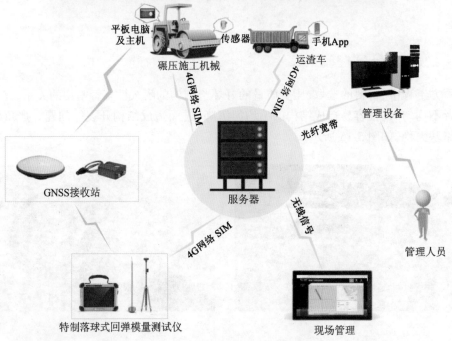

图 5-16　连续压实控制系统示意图

一、规程要求

连续压实控制系统满足公路、铁路路基填筑工程连续压实控制技术要求,在技术规程的指导下完成技术智能化控制。相关规程要求如下。

1.《公路路基填筑工程连续压实控制系统技术条件》(JT/T 1127—2017)

(1)量测设备的振动传感器宜采用加速度传感器,灵敏度应不小于 $10\text{mV}(\text{m/s}^2)$,量程应不小于 10$g$，频率响应应不大于 5kHz。

（2）量测设备的数据采集装置的模/数转换位数应不小于 16 位，采样频率应不小于 400Hz。

（3）控制量测设备操作，对量测信息进行实时采集、处理、显示和储存，记录施工相关参数等信息。

（4）根据得到的压实信息对压实度、压实均匀性、压实稳定性、压实状态分布及相关统计计量等进行实时分析并以数据和图形的方式显示。

（5）进行压实信息的传输管理。

2.《铁路路基填筑工程连续压实控制技术规程》(Q/CR 9210—2015)

（1）振动传感器宜采用加速度传感器，灵敏度不应小于 10mV/$(\mathrm{m \cdot s^{-2}})$，量程不应小于 10$g$。

（2）碾压量测过程振动压路机振动频率波动范围不应超过规定值的 ±0.5Hz。

（3）碾压量测过程中振动压路机应保持匀速行驶，行驶速度宜为 3.0km/h，最大不应超过 4.0km/h。

二、系统硬件模块

1.定位模块

采用卫星进行定位，差分方式可采用本地差分和网络差分。

2.振动模块

振动模块采用 6 轴传感器，可同时采集 X、Y、Z 轴加速度以及温度、倾角参数，采样频率为 500Hz。采用蓝牙无线数据传输方式将数据发送到采集终端。模块采用一体化封装，集成了采样、数/模转换、电源、蓝牙模块等。

3.采集终端

用于车载终端采集压路机振动数据、定位数据，并进行数据处理、数据发送，有平板电脑版和手机版两个版本，其功能基本相同。

采集终端主要用于收集定位模块及振动模块数据，将经纬度坐标转换为平面坐标，并绘制压路机碾压轨迹，计算碾压速度、碾压遍数等参数，同时对振动数据进行分析，计算 CEV。最终通过 4G 网络将原始坐标参数、CEV 参数等上传至服务器，供服务器做进一步的联合分析。

4.落球式回弹模量测试仪

落球式回弹模量测试仪可对路基材料的变形(压缩)模量、回弹模量、强度指标 K30、弯沉、CBR 等指标进行检测，并进行 CEV 标定。

三、系统软件

系统软件包括压路机车载控制软件、运料车轨迹监测 App 和 Web 数据管理平台。

1.压路和车载控制软件

车载连续压实控制软件可实时绘制碾压轨迹，显示碾压速度、振动频率及 CEV 值，并具有 CEV 标定功能。

2. 运料车轨迹监测 App

运料车轨迹监测 App 可实时监测运料车的行驶轨迹,并计算运料次数,如图 5-17、图 5-18 所示。

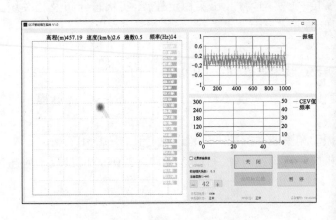

图 5-17　车载平板连续压实控制软件　　　　　　图 5-18　运料车轨迹监测 App

3. Web 数据管理平台

Web 数据管理平台(图 5-19)可对项目基本信息进行设置,并对项目数据进行统计展示, 远程实时在线监测压路机的工作情况,实时发现违规碾压、漏碾、欠碾等情况,并实时提醒驾驶 员整改,避免事后难以整改或者整改成本大等问题。

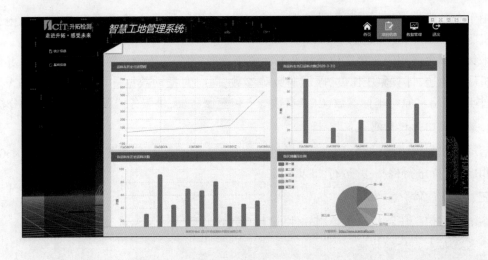

图 5-19　Web 数据管理平台

四、系统主要功能

1. 远程在线监测压路机碾压情况

（1）实时绘制碾压轨迹,自动计算碾压次数。

（2）自动计算振动频率、碾压速率。

（3）自动绘制碾压轨迹热力图。

2. 自动计算并绘制基于 CEV 值的云图

CEV 值与其他方法相比,具有如下特点:

（1）CEV 本身就是弹模指标,理论上与材料的弹性模量有良好的线性关系。

（2）CEV 可以反映碾压轮的起振力、质量及宽度等指标,适用性更广。

（3）材料的泊松比同步在落球检测时反映,技术匹配更优。

3. 采用落球进行压实度检测

通过落球式回弹模量测试仪 + 定位模块,可以将检测数据精准定位到施工区域的各测点,准确反映出施工区域各测点的真实压实情况。

4. 手机 App 对运料车轨迹进行监测

手机 App 监测运料车轨迹及卸载动作,可自动计算运输次数,防止偷工减料现象。系统硬件安装示意图如图 5-20 所示。

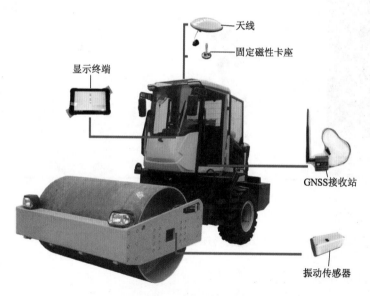

图 5-20　系统硬件安装示意图

本系统通过实现下述功能,进而有效地提高施工效率与质量:

（1）可指导路基碾压工作,避免路基过压或欠压。

（2）可保证高效施工,提高路基压实均匀程度和稳定性。

（3）可整合连续压实数据和压实结果,易于查询分析检测结果。

（4）可统计资料,生成报告,考核施工进度和效果,掌握路基压实进展情况。

（5）可对碾压速率过快、振动频率不足等情况进行报警，提示操作人员进行合规碾压。

实时远程监测现场碾压过程如图 5-21 所示，碾压轨迹热力图如图 5-22 所示。

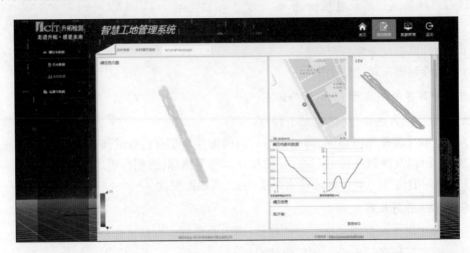

图 5-21　实时远程监测现场碾压过程

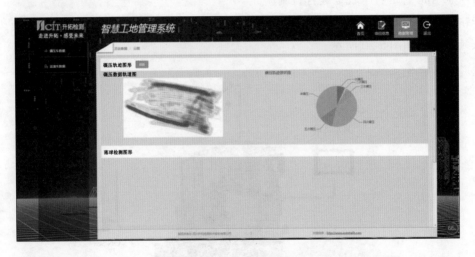

图 5-22　碾压轨迹热力图

5.2.3　基坑、边坡开挖在线监测系统

一、基坑、边坡开挖监测意义

基坑、边坡开挖时，其稳定性直接影响工程的安全。因此，有关规范如《建筑基坑工程监测技术标准》（GB 50497—2019）、《建筑边坡工程技术规范》（GB 50330—2013）等均要求对开挖过程进行监测。然而，许多重要的基坑仍采用人工定期采集数据方式进行监测，没有建立预测施工安全性的自动化监测系统，难以及时发现这些基坑的异常状况，以做出相应的防患措施。某些项目出现了基坑坍塌（图 5-23）事故，造成巨大的经济损失和不良的社会影响。

图 5-23　基坑坍塌

建立结构在线监测系统的目的在于实时分析基坑结构的安全性,实时监测支护结构的承载能力、运营状态和耐久性能等,以满足安全运营的要求。根据规范要求布设传感器,按照规范给出的阈值进行报警管理,通过实时的结构参数监控,可以实时分析基坑本体及其支护结构等重要参数的长期变化规律,从而及时有效地揭示基坑及其支护结构的安全状况。

下面以福州某建筑基坑为例,对基坑自动化监测系统进行详细介绍。

二、项目概述

该基坑位于福州市高新区旗山大道东侧,拟建建筑为 11 层建筑生产基地,下设一层联体地下室,地下室面积约 $7442m^2$,周长约 354m,开挖深度为 $5.55 \sim 7.15m$。根据勘察报告,基坑侧壁安全等级为二级,重要性系数 $r = 1.0$,基坑正常使用期限为 12 个月。

三、监测系统框架

本次建筑基坑在线监测采用三维可视化监测管理系统平台,系统拓扑图如图 5-24 所示。

按照监测对象及监测内容,将基坑在线监测系统感知层划分为 3 个子系统:基坑本体监测子系统、环境监测子系统、周围建筑物监测子系统。

1. 基坑本体监测子系统

基坑所处地质情况一般较为复杂,加上可能出现的恶劣气候环境,如暴雨、暴雪等情况,对基坑的表面位移、内部位移等会造成不同程度的影响。因此,基坑施工过程中应对基坑本体进行实时监测。

2. 环境监测子系统

基坑所处的气候、水文环境对基坑稳定性有着较大影响,特别是地下水位变化等。因此,基坑施工过程中应对环境进行实时监测。

3. 周围建筑物监测子系统

受基坑稳定性影响,基坑周边建筑物可能会产生结构基础沉降、地表土体裂缝等问题,严重时可能造成建筑物倒塌事故。因此,基坑施工过程中应对周围建筑物进行实时监测。

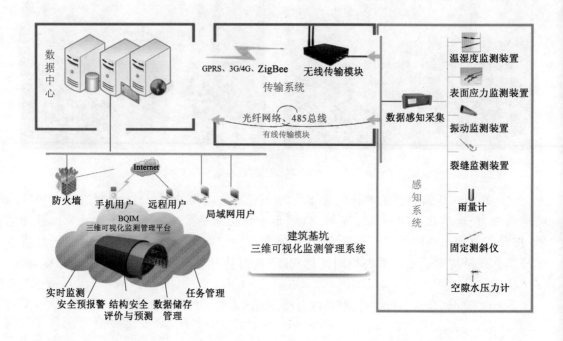

图 5-24   监测系统拓扑图

结构健康与安全监控预警系统包括多参数的监控分析,需要根据自身特点来考虑系统测试的项目及测点的布置。只有这样才能建成一个具有实用性和先进性的健康与安全监控预警系统。

四、监测测点布置方案

本项目的测点布置如图 5-25 所示。

参数所选个数和分布,应该结合现场基坑实际情况确定;基坑监测参数的选择和传感器的精度,也应该符合国家基坑监测规范及基坑监测等级。

本基坑等级为二级基坑,基坑监测参数点位统计见表 5-1。

监测参数点位统计   表 5-1

监 测 类 别	监 测 项 目	点 位 个 数
基坑本体位移	坡顶水平位移	18
	坡顶竖向位移	15
	深层土体水平位移	10
建筑物位移	电线杆水平位移	2
地下水位变化	地下水位变化	10

预报警值依据项目设计规定进行设定,详见表 5-2。

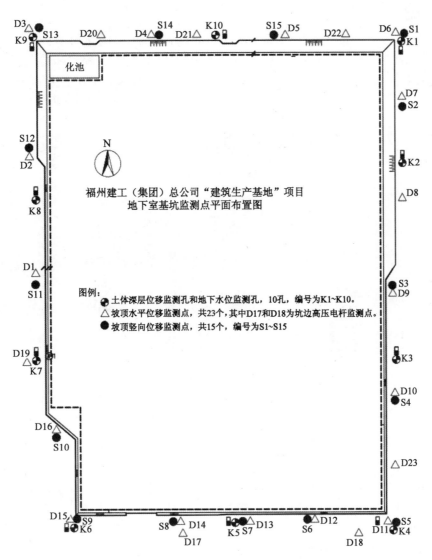

图 5-25 基坑在线监测点位布置示意图

监 测 报 警 标 准 表 5-2

监 测 项 目	累计值(mm)	变化速率(mm/d)
坡顶水平位移	30	2
坡顶竖向位移	30	2
深层土体水平位移	30	3
地下水位变化	1000	500

注:1. 当监测项目的变化速率达到表中的规定值或连续3d超过该值的70%时应报警。

2. 周边建筑物整体倾斜度累计值达到2/1000或倾斜速率连续3d大于0.0001H/d(H为建筑物承重结构高度)时应报警。

3. 建筑物裂缝宽度达到3mm,地表裂缝宽度达到12mm,裂缝持续发展,满足以上条件之一应报警。

五、传感器的选型

感知系统通过各类传感器实时采集基坑相应技术数据,监测系统平台的数据来源,其稳定性和可靠性是整个管理系统的基本保障。其设计需要结合工程实际情况,根据监测参数类型,完成传感器选型与布点、现场总线布设、采集设备组网等工作。监测传感器选型表见表 5-3。

监测传感器选型表　　　　　　　　　　　　　　　　　　　　表 5-3

监测项目	基坑位移监测			环境监测
	坡顶水平位移	坡顶地表竖向位移	土体内部位移	地下水位
设备名称	智能全站仪	静力水准仪	导轮式固定测斜仪	水位计
设备图片				

六、数据采集、传输及三维可视化监测系统平台

采集传输系统主要包括数据采集、通信设备及相关软件等。

根据监测的现场环境,在被监测结构的相应地方设置监测点,然后将传感器安装在监测点上面,将现场所有安装的传感器连接到外场监测站,在外场监测站安装一个采集仪防护箱,采集仪防护箱连接采集仪,系统由远程控制,通过采集仪采集传感器数据后,将传感器数据通过在线数据传输的方式直接传输到控制中心,并可以实时对采集点进行认证、连接、管理和控制。

在线监测管理系统平台的功能:

(1)一体化管理平台一个账户可实现对不同设施结构同时进行监测,不同结构不同项目不必重复采购安装监测软件。

(2)监测结构 GIS 地理定位功能。

(3)支持二维平面和 BIM 模型实现被测结构三维可视化展示和管理。

(4)系统管理平台包括 Web 端系统功能和移动客户端(App)。

(5)Web 端系统功能包括实时监测模块、数据管理模块、安全评价模块、报表管理模块、工程管理模块、系统管理模块,可实现监测数据实时展示、各种历史数据查询、巡查数据管理、报表推送、数据趋势预测、项目和基坑各种信息参数设置及管理功能等。

(6)预报警信息推送,可采用系统页面实时显示、短信和邮箱推送等方式。

系统实时监测界面如图 5-26 所示,数据管理历史曲线如图 5-27 所示。

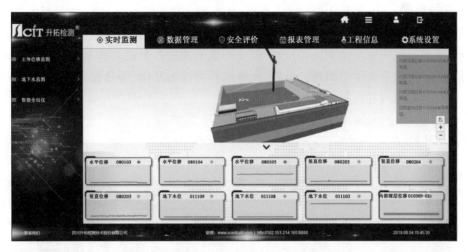

图 5-26 系统实时监测界面

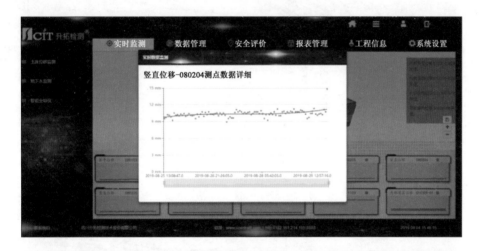

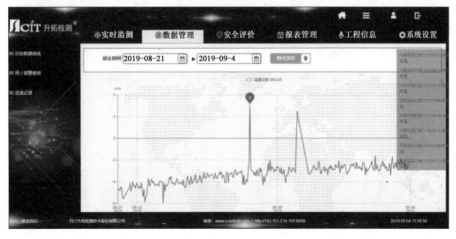

图 5-27 数据管理历史曲线

七、监测成果

该基坑在线监测历时6个月。监测结果显示,在挖土施工过程中因基坑内土体的开挖和坑内降水,造成基坑周围土体下沉和位移,但变形值未超过报警值。监测的数据总体正常,围护结构相对稳定,无重大险情出现。另外,因场地环境较为复杂,部分监测点因被遮挡而无法观测,导致部分监测内容资料不连续。

部分深层土体位移、地下水的变化曲线如图5-28所示。

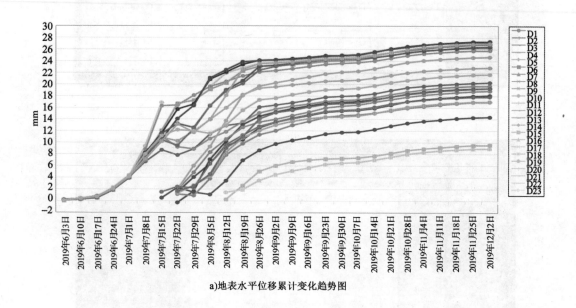

a)地表水平位移累计变化趋势图

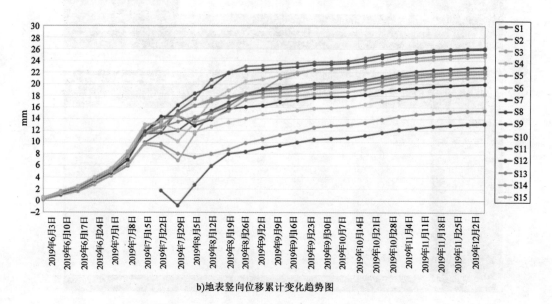

b)地表竖向位移累计变化趋势图

图 5-28

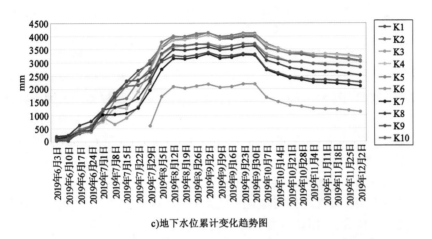

c)地下水位累计变化趋势图

图 5-28　水平位移、竖向位移、地下水位部分数据变化曲线

5.2.4　高耸施工设施安全监测系统(以高大支模、塔吊监测为例)

一、高大支模在线监测系统

1. 系统监测目的及意义

在混凝土浇筑施工过程中,测定混凝土浇筑期间支撑体系及模板的位移、沉降、荷载等数据,了解支撑体系及模板的变形情况,并跟踪其在施工过程中的监测数据变化信息,及时进行监测数据的处理、分析及信息反馈,有利于及时判断和评价支撑体系及模板变形的动态趋向,为混凝土浇筑施工提供即时的安全保障数据信息;有利于为以后类似工程施工、设计提供宝贵的经验借鉴,从而使施工、设计更加合理与经济。

2. 监测依据

(1)《建筑变形测量规范》(JGJ 8—2016)。

(2)《建筑施工临时支撑结构技术规范》(JGJ 300—2013)。

(3)《工程测量标准》(GB 50026—2020)。

(4)《建筑施工模板安全技术规范》(JGJ 162—2008)。

(5)《模板工程安全自动化监测技术规程》(T/CECS 542—2018)。

(6)《深圳市高大支模自动化实时监测技术导则》(试行)。

下面以广州某建筑高大支模为例,对其自动化监测系统进行详细介绍。

3. 项目概述

拟建建筑项目位于广州市某经济技术开发区,建筑高度为 45.6m,建筑类别为丙类,主体结构形式为钢筋混凝土框架结构。

4. 监测测点布置方案

(1)监测对象。

本次监测的对象为:模板支架支撑体系。

(2)测点布设原则。

①高大支模项目应设置稳定的基准点,且具有良好的稳定性和可靠性,并且不影响现场的正常施工。

②模板对应的立杆轴力监测点宜布设在受轴力较大的立杆顶端,模板对应的竖向位移监测点宜布设在模板竖向位移较大部位的中心正下方,支撑体系水平位移监测点宜布设在支撑的2/3高度部位或斜剪刀撑对应的中部,倾斜监测点宜布设在受轴力较大的立杆及支撑自由边中部的立杆上,另外须确保所在的立杆与模板和传感器均密切接触,避免悬空。

③模板及支撑水平位移、倾斜、立杆轴力、竖向位移监测点,其布设的水平距离不宜大于15m,对于荷载较大、变形较大和内力变化显著或最不利受力等部位,应增加监测点。模板及支撑水平位移监测点和倾斜监测点宜布设在同一杆件上。

④在工作环境不能实现自动化实时监测的情况下,模板及支撑体系水平位移监测和竖向位移监测可通过安装棱镜,采用高精度全站仪(或测量机器人)固定设站进行辅助监测。

⑤安装倾角仪时,应假设设计图上纵轴方向为倾角仪的 X 轴方向,横轴方向为倾角仪的 Y 轴方向。

5. 传感器选型

根据规范要求,并参考工程现场实际,选取监测项目类型、数量和精度见表5-4。

监 测 项 目 参 数　　　　　　　　　　　表5-4

序号	监测项目	监测仪器	数量(点)	量测精度
1	竖向位移(沉降)	位移传感器	1002	0.02mm
2	水平位移	位移传感器(全站仪)	1002	0.02mm
3	倾角	倾角传感器	1002	0.0250mm
4	轴力	轴压传感器	1002	≤0.5%量程误差

6. 监测频率与报警值

(1)监测频率应能实时反映监测对象变化过程。

(2)根据高大支模支撑体系的设计、混凝土浇筑情况、周边环境、自然条件等因素,本项目自动化监测实时频率为2次/min,其他人工监测项目频率不低于1次/30min,且各监测项目应在混凝土浇筑前测得稳定的初始值,且不少于2次,监测频率要自始至终保持一致。

(3)混凝土初凝完成,监测数据稳定,施工清场时终止监测。

(4)当出现下列情况之一时,立即启动声光报警装置和应急监测方案并通报委托方:

①监测数据达到报警值(相关参数见表5-5);

②模板爆裂,混凝土泄漏;

③支撑地基突然出现较大沉降和严重开裂等异常情况。

监 测 项 目 的 报 警 值　　　　　　　　　　　表5-5

序号	监测项目	报警值	预警值
1	竖向位移(沉降)	10mm	8mm
2	水平位移	8.8mm	7mm
3	倾角	2.50°	2.0°
4	轴力	20.5kN	16.4kN

监测项目超过其报警值时,须迅速停止浇筑,查明原因。一般应急措施有:

①迅速停止浇筑,撤离人员,启用应急措施,控制变形值不再增大;

②修改方案,进行加固。

7. 监测数据整理与分析

及时整理监测数据,并分析和评述监测数据的变化及发展情况,当监测数据出现异常时,应及时分析原因。

完成监测工作后,应及时出具监测报告。监测报告应真实、准确、完整,采用文字叙述与绘制变化曲线或图形相结合的形式表达。

自动化监测数据通过配套的软件得出测点处的变形情况,通过数据整理、分析,判断监测对象的稳定性。在整理资料时,要提高分析能力,做到去伪存真、去粗取精、正确判断、准确表达,以提高监测资料的整理水平。对现场实测数据,经过必要的分析计算后,以直观的形式(如表格、图形)表达出被测指标的当前值与变化速率,及时反馈与施工过程有关的监测信息,以供设计、施工及有关工程技术人员决策使用,达到信息化施工。

当观测结果异常时,立即对异常数据进行复核,确认无误后,马上撤离现场施工人员,并协助建设各方实施应急措施。全部监测工作完成15天内提交监测总结报告。

二、塔吊在线监测系统

1. 系统简介

塔吊在线监测系统是集互联网技术、传感器技术、嵌入式技术、数据采集储存技术、数据库技术等高科技应用技术为一体的综合性新型系统。该系统能实现多方实时监管、区域防碰撞、塔群防碰撞、防倾翻、防超载、实时报警、实时数据无线上传及记录、实时视频和语音对讲、数据黑匣子、远程断电、精准吊装、塔机远程网上备案登记等功能,达到实时监管塔吊安全运行的目的。

2. 塔吊监测系统组成

本系统由塔吊在线监测系统主机和远程监测管理平台组成。主机安装在工地现场塔机上,并连接幅度、高度、转角、重量、倾角、风速等传感器,无线网络把塔机的各种监测参数实时上传到远程监测管理平台。

3. 监测测点布置方案

主机的安装应尽量避免遮挡驾驶员观看工地现场,便于驾驶员观看仪表画面,安装可以使用扎带固定,也可以使用六角自攻螺钉固定。各传感器安装位置如图5-29所示。

4. 监测传感器选型(表5-6)

监 测 项 目 参 数 表5-6

序号	监测仪器	量程	分辨率
1	转角传感器	$0 \sim 360°$	$<0.18°$
2	幅度传感器	$0 \sim 80m$	$<0.05m$
3	高度传感器	$0 \sim 100m$	$<0.05m$
4	重量传感器	$2 \sim 20t$	$<50kg$

序号	监测仪器	量 程	分 辨 率
5	风速传感器	0～40m/s	0.1m/s
6	倾角传感器	0～15°	0.01°

图 5-29　各传感器安装位置

5.2.5　智慧预制场信息化管理系统

一、概述

目前智慧预制场还处于探索发展阶段。本节以四川省某高速公路的 T 梁预制场信息化管理系统的建设为例进行讲解。该高速公路预制场设置全过程信息化管理系统,将以下 7 方面内容纳入信息化管理:①总体生产计划管理,②原材料管理,③生产(调度)管理,④质量管理,⑤人力资源管理,⑥试验室管理,⑦拌和站监控管理。

智慧预制场的生产区域成条状分布,从功能上主要分为:拌和站,钢筋加工房,钢筋绑扎区,预制区,存梁一区,存梁二区,钢绞线、波纹管及锚具加工存储区等。智慧预制场总体布置如图 5-30、图 5-31 所示。

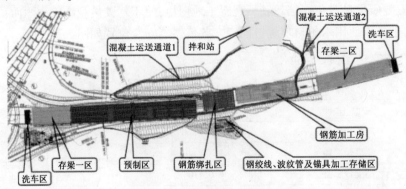

图 5-30　智慧预制场总体布图

图 5-31　智慧预制场功能分区图

二、生产工序智能管理

1. 钢筋加工

信息化管理系统根据 T 梁生产计划和每片 T 梁的构造以及钢筋设计图纸,发布每天的钢筋加工计划、任务安排,以及钢筋原材料的需求计划。

信息化管理系统能对钢筋加工房内所有的智能数控加工设备和智能分拣机械臂等发布加工指令,并且能接收、存储各智能设备的加工和分拣件数反馈。钢筋加工生产流程如图 5-32 所示。钢筋加工智能管理实景图如图 5-33 所示。

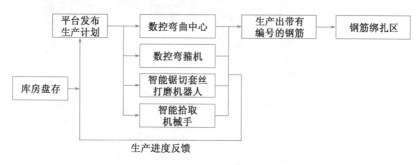

图 5-32　钢筋加工生产流程图

2. 钢筋绑扎及预应力筋加工

钢筋绑扎在胎架车上,当平台发布指令后,钢筋胎架车会进入钢筋绑扎区,同时加工好的钢筋半成品也会通过打印信息标识而送至相应胎架车(图 5-34、图 5-35)。

系统还可以对预应力筋加工工序的进度、质量等进行监控,并实时上报和调整进度。

3. T 梁预制

T 梁预制区的逻辑关系和生产流程如图 5-36 所示。具体包括:

(1)模板调度及安装;

(2)钢筋骨架入场;

(3)钢筋骨架入模;

(4)混凝土浇筑;

(5)混凝土养护;

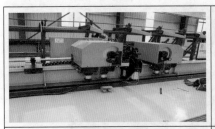	
钢筋数控加工中心	钢筋分拣机器手
钢筋厂采用独立分区,通过"信息管理平台+智能设备+超市化管理"创新管理模式,利用信息平台发布指令,通过设备智能更新、改进等实现"机械化减人、自动化换人",每一道程序严密管控,从而提升工作效率,保证产品质量,提高产品合格率	

图 5-33　钢筋加工智能管理实景图

图 5-34　钢筋绑扎胎架车,实现移动式钢筋绑扎

图 5-35　数控穿束机,自动控制钢束施工

（6）模板拆除；

（7）预应力张拉；

（8）压浆、封锚；

（9）移梁。

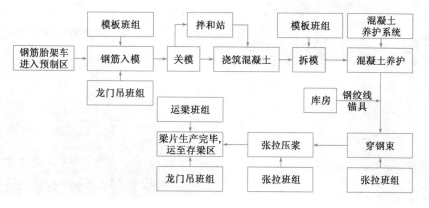

图 5-36　T 梁预制生产流程图

4.预制区调度

管理系统内能随时查看每个台座、预制区、通道、龙门吊的使用状态（如空闲或占用），若处于占用状态，可以查询预计还需占用的时间。

5.存梁区管理

存梁区的逻辑关系和生产流程如图 5-37 所示。系统能实时判断（或接收反馈）两个存梁区中每个存梁台座的占用情况，并且根据占用情况对每片需要存梁的 T 梁安排相匹配的存梁台座。

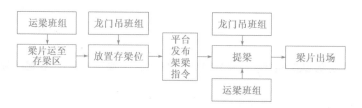

图 5-37　存梁区生产流程图

管理系统还能记录、提供每片 T 梁在存梁区所在的位置，并规划出运梁车合理的进场线路，以便高效、有序地存梁、运梁。

预制场信息化管理平台的生产管理主要功能如图 5-38 ~ 图 5-40 所示。

三、人力资源智能管理

信息管理系统还包含人力资源管理，主要目的是对项目人员进行规范化、信息化管理。主要包含人员登记、考勤、培训、考核、薪酬、劳务分包、班组管理等。

除常规的人力资源管理体系中应有的内容外，信息管理系统还可考核各工序中不同班组的效能。信息管理系统能结合各工序在规定时间内的完成率和合格率，对班组完成的工作质量和效率进行自动评分,给出各工序中的班组评分排名,并根据各班组的排名和评分予以奖励或惩罚,以便形成班组的激励机制。

图 5-38　信息化管理平台 1

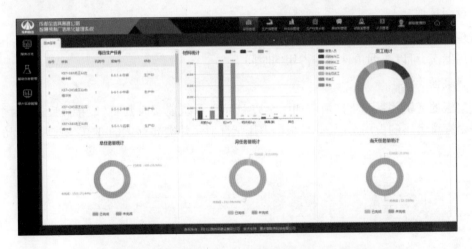

图 5-39　信息化管理平台 2

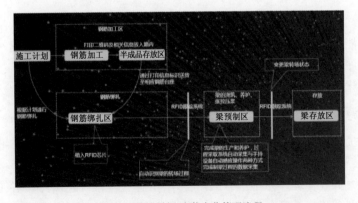

图 5-40　梁预制生产信息化管理流程

四、原材料智能管理

(1)每个生产区所需的材料可通过信息平台下达指令到库房,库房也可通过信息平台来查看其他区域的生产情况,实时盘存,原材料仓储管理流程如图5-41所示。

(2)信息平台可显示每种材料的实时用量、历史用量,并将用量和生产计划进行对比分析。

五、材料试验室智能管理

(1)试验室通过信息化平台对拌和站的配合比进行管理。

(2)信息化平台对试验室有关混凝土强度试验仪器(如电液式压力试验机、TM-Ⅱ型混凝土弹性模量测定仪)可实现管控,实时数据在信息化平台可查。

(3)试验室通过信息化平台查看材料库存情况。

六、混凝土拌和智能管理

(1)信息平台可将生产计划下达至拌和站,预制区可将生产命令下达至拌和站。

(2)拌和站相关材料信息通过信息平台传输至库房。

(3)信息平台与现有拌和站系统(物资称重影像管理系统和混凝土核算管理系统)相对接。拌和站的生产流程如图5-42所示。

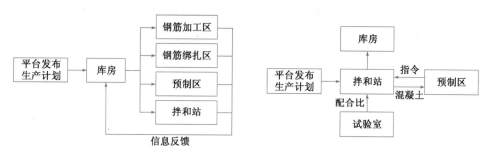

图5-41　原材料仓储管理流程图　　　　图5-42　混凝土拌和生产流程图

"1＋X"考证训练题

本教材将"1＋X"职业技能等级证书标准有关内容要求有机融入教材,下列试题与"1＋X"路桥工程无损检测职业技能等级证书考核密切相关。其中选择、判断题对应中级证书,思考题对应高级证书(高级覆盖中级)。任课教师可根据课程需要,因材施教,梯度教学。

一、单选题

1.智慧工地中的"智慧"体现在改进工程各干系组织和岗位人员(　　　),以便提高交互的明确性、效率、灵活性和响应速度。

　　A.工资　　　　　　　　　　　　B.劳动时间

　　C.相互交互的方式　　　　　　　D.技能水平

2.由于信息交换涉及的项目成员种类繁多、项目阶段复杂且项目生命周期时间跨度大、应用软件产品数量众多,需要建立一个公开的(　　　),使所有软件产品通过这个(　　　)实现互相之间的信息交换。

    A. 信息交换标准   B. 账号   C. 用户   D. 设备信号

    3. 移动式智能巡检系统依托于智能手机的录音、拍摄、(　　)及外接功能,通过外部链接设备或内部自有设备实现信号输入,利用手机的采集分析、通信能力等实现不同的功能。

    A. 内置传感器   B. 蓝牙耳机   C. 充电器   D. 办公软件

    4. 手机通过与电磁模块的无线连接,可以测试哪项参数?(　　)

    A. 混凝土缺陷   B. 钢筋位置及检测保护层厚度

    C. 锚索杆长度   D. 基桩长度及缺陷

    5. 连续压实控制系统主要针对路基、机场等填方工程的连续压实施工,通过(　　)的高精度定位设备,可实时远程监控压路机的轨迹、振动频率、碾压速率等参数。

    A. 纳米级   B. 分米级   C. 毫米级   D. 厘米级

    6. 基坑所处地质情况一般较为复杂,加上可能出现的恶劣气候环境,如暴雨、暴雪等情况,对基坑的表面位移、(　　)等变形会造成不同程度的影响。

    A. 环境湿度   B. 环境温度   C. 地下水位   D. 内部位移

    7. 结构健康与安全监控预警系统包括多参数的监控及分析,需要根据(　　)来考虑系统测试的项目及测点的布置。

    A. 传感器价钱   B. 自身特点   C. 系统平台有无   D. 施工人员数量

    8. 一体化管理平台一个账户可实现对不同设施结构同时进行监测,不同结构不同项目(　　)重复采购安装监测软件。

    A. 不必   B. 一定   C. 必须   D. 只能

    9. 自动化监测数据通过配套的软件得出测点处的变形情况,通过数据整理分析判断监测对象的(　　)。

    A. 稳定性   B. 耐久性   C. 可靠性   D. 破坏性

二、多选题

    1. 智慧工地聚焦施工现场管理,通常由哪几部分组成?(　　)

    A. 大屏管理中心   B. PC 客户端   C. 摄像头   D. App 客户端

    2. 通过与施工过程相融合,智慧工地技术可以提高施工现场的什么?(　　)

    A. 劳动人员   B. 生产效率   C. 管理效率   D. 决策能力

    3. 数据综合管理平台主要包括(　　)。

    A. UI(用户)交互界面(含可视化展现等)

    B. 办公软件

    C. 与各功能模块的接口

    D. 后台分析、流程管理

    4. 智慧劳务管理系统,是以实名制管理为基础的人员管理体系,通过对施工现场人员实名授权,实现(　　)等功能。

    A. 劳务结构分配   B. 安全教育   C. 门禁管理   D. 考勤管理

    5. 在填方工程中,材料的选取、压实质量的好坏与结构的耐久性有着密切的关系。当压实不到位或者不均匀时,很容易造成结构的什么问题?(　　)

A. 色差变化　　　　B. 不均匀沉降　　　　C. 厚度不足　　　　D. 结构开裂

三、判断题

1. 对收集的数据进行深入分析和挖掘,可以大大提升系统的智慧程度,更好地发挥系统功效。其中,大数据和 AI 结合是非常有效的分析手段,也是未来的发展趋势。　　　　（　　）

2. 落球式回弹模量测试仪可对路基材料的变形(压缩)模量、回弹模量、强度指标 K30、弯沉、CBR 等指标进行检测,并进行 CEV 值标定。　　　　（　　）

3. 重要基坑采用人工定期采集数据方式进行监测可以及时发现这些基坑的异常状况。

（　　）

4. 建立结构在线监测系统的目的在于实时分析基坑结构的安全性,实时监测支护结构的承载能力、运营状态和耐久性能等,以满足安全运营的要求。　　　　（　　）

5. 基坑稳定性不会造成基坑周边建筑物的结构沉降,也不会产生裂缝。　　　　（　　）

四、思考题

1. 智能化系统具有哪些特征?
2. 基坑在线监测系统感知层划分为哪几个子系统?

本章参考文献

[1] MOONEY M,WHITE D. Intelligent Soil Compaction Systems[J]. Soil IC Project,2010.

[2] 李天文.现代测量学[M].2 版.北京:科学出版社,2014.

[3] 中国铁路总公司.铁路路基填筑工程连续压实控制技术规程:Q/CR 9210—2015[S].北京:中国铁道出版社,2015.

[4] 中华人民共和国交通运输部.公路路基填筑工程连续压实控制系统技术条件:JT/T 1127—2017[S].北京:人民交通出版社股份有限公司,2017.

第6章　数字技术在工程检测中的应用

学习导读

本章详细介绍了数字技术在工程检测中的应用。本章将分为智慧检测技术架构与模块、智慧检测典型应用场景这两个部分来进行讲述。

6.1　智慧检测技术架构与模块

智慧检测是以检测技术为核心,利用检测设备数字化与数据分析智能化手段,将传统工程检测提升至科技化智能检测的综合技术集成。智慧检测重点突出工程质量和品质提升,致力于达到以下目的:检测数据信息化,传统手段智能化,平台应用智慧化,接口协议标准化。

（1）检测数据信息化。检测作为工程质量安全的重要一环,贯穿了工程建设的全生命周期,检测工作的实施环节包括质监站(监督抽检)、代表业主的第三方检测(三检)、监理(抽检)、装配式预制场或预制梁场(自检＋三检)、施工方(自检)、养护管理部门(定检)等,另外,各个环节的监测数据作为工程安全建设的关键数据,一起被纳入质量安全监管的并行体系。数据信息化并非简单地从纸质资料转化为电子资料,而是通过先进的手段采集或收集数据,及时上传数据并将结果反馈到工程前端,达到实时有效的数据信息化。

（2）传统手段智能化。引入新技术的同时推动地方或行业标准出台,有利于将先进的检测与监测技术融入智慧建造流程。而新技术新设备的应用也反向推动了数据的信息化建设。

（3）平台应用智慧化。智慧检测平台可独立于综合智慧建造平台使用,也可高度融合其中。

（4）接口协议标准化。采用全方位的数字化理念，开发统一的数据协议与接口，在现有的建筑行业标准基础上，创建和完善智慧检测所需的数据库字段、格式等数据标准，全力打通智慧建造各类数据与平台互联互通的大通道。

根据国家相关政策要求，以新发展理念为引领，以技术创新为驱动，以信息网络为基础，以提升品质为宗旨，打造具有先进性、系统性和可扩展性的智慧检测技术体系，有效地、全方位地提高工程整体质量和安全性，确保工程品质。

6.1.1　智慧检测技术架构

智慧检测技术体系涉及工程建设期的各个质量管控环节，由前端的各项功能模块和数据综合管理平台构成。前端功能模块可划分为两个系统，即检测数据采集系统及检测管理系统。检测数据采集系统包括智慧巡检、结构检测、试验室检测和数据防伪四个功能模块，负责各类检测数据的采集并按照统一的格式上传；检测管理系统则由检测人员管理、检测设备管理、检测项目及流程管理等功能模块构成，实现对检测工作各环节的便捷式管理。数据综合管理平台的作用是通过 AI 技术和三维建模等技术对前端的各类数据进行智能分析及可视化展示，实现对检测工作的智慧化管理。智慧检测架构图如图 6-1 所示。

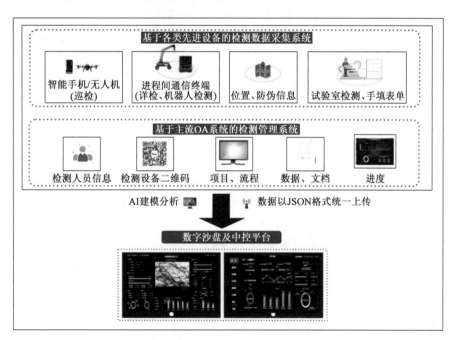

图 6-1　智慧检测架构图

下面主要介绍检测数据采集系统。

6.1.2　检测数据采集系统

一、结构检测数据功能模块

结构检测数据功能模块是将外检设备所采集的检测数据以信息化的方式上传至平台进行

储存、分析、展示。检测数据信息化可以提高检测数据的管理水平、分析效率并且利于保存;外检设备经信息化改造后便于后续的开发升级;同时检测数据的信息化为后续检测工作的智慧化开展打下基础。

结构检测数据功能模块细分为地基基础检测系统、路基路面检测系统、混凝土结构检测系统、桥梁结构检测系统、隧道结构检测系统、交通安全设施检测系统。将各类检测参数按检测的构件进行划分,实现检测数据的合理细化管理。

二、试验室检测数据功能模块

试验检测数据功能模块是将工地试验室的试件试验数据及检测单位试验室设备所采集的检测数据以信息化的方式上传至平台进行储存、分析、展示。试验检测数据信息化可以提高检测数据的管理水平、分析效率并且利于保存;有助于工地试验室的标准化管理。试验室检测设备经信息化改造后便于后续的开发升级;同时检测数据的信息化为后续检测工作的智慧化开展打下基础。

试验检测数据功能模块细分为:履约智能考勤管理系统、工程项目原材料管理系统、试验室环境温湿度监控系统、试验过程视频监控系统、试验室监控系统、公路工程工地试验室信息管理系统、沥青试验机联网与动态监控系统、二维码见证取样管理系统。

三、智慧巡检功能模块

智慧巡检功能模块以智能手机为载体,充分利用手机的录音、拍摄、内置传感器以及外接功能开发出一系列快速巡检功能来采集现场各项数据,通过手机强大的通信交互功能直接将前端采集数据传输至数据库及平台进行储存处理展示。

通过智能手机作为巡检载体,加大了巡检工作的覆盖面,人人都可以通过手机参与巡检工作;使用手机巡检实现了实时采集与实时传输、提升了巡检工作的效率;降低了巡检工作的门槛,手机巡检操作简单,易于培训,能让一线工人也参与进巡检工作中来。

手机巡检功能可以涵盖工程施工的各个环节,包括混凝土表层缺陷检测、混凝土内部缺陷检测、裂缝检测、裂缝深度检测、钢筋保护层检测、基桩完整性检测、锚杆长度检测、张力检测、连接紧固件检测、装配式浆锚灌浆质量检测等。随着手机功能的进一步开发,可实现的巡检功能也越来越多样化。

四、数据防伪功能模块

工程检测环节是工程质量把控最重要的一环,检测数据直接参与结构的质量评价,因此检测设备采集数据的真实性至关重要,而数据防伪功能模块的作用就是保证检测数据的真实性。数据防伪功能模块通过将记录有构件的尺寸、制作时间、安装部位等信息的芯片植入每块构件,从而形成每块构件独有的"身份证"。在进行检测数据采集时,通过对芯片的扫描使数据准确对应到每块构件,实现采集检测数据的溯源及防伪,提高数据真实性。数据防伪功能模块如图6-2所示。

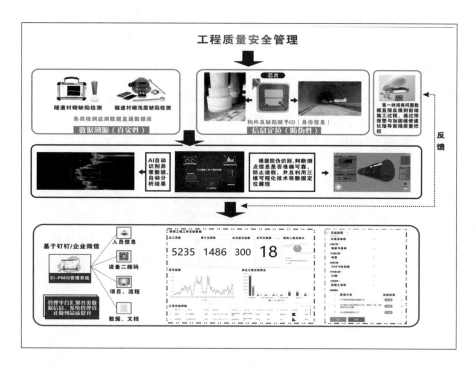

图 6-2 数据防伪功能模块示意图

6.2 智慧检测典型应用场景

信息化是当今世界经济社会发展的必然趋势,已然成为推动人类社会高速发展的强大动力,也成为各个国家实现现代化的重要一步。工程信息化不仅在工程建设中的质量检测与监测中发挥的作用越来越大,而且在交通行业整个发展过程中处于十分重要的地位,是交通行业发展的战略制高点和衡量现代化的主要标志。

试验检测是工程建设中重要的组成部分,利用先进的信息化手段对试验检测(包括工地试验室、实体检测等)的改造升级,对实现检测管理的信息化、现代化、精细化,提高试验数据管理效率等方面有非常积极的意义。

本节主要介绍智慧检测典型应用场景,包括试验室信息化、检测数据信息化、检测设备管理信息化,以及隧道衬砌质量信息管理系统。

6.2.1 试验室信息化

一、传统试验室存在问题

传统工地试验室的主要问题有以下几点:

1. 数字化程度低

工地试验室主要包括各类试验机以及小型化试验器具。由于成本以及技术水平等原因,很多试验机、试验器具还是老式的、模拟量的,有不少试验还需要人工记录和填写数据。由于自动化、数字化程度低,增加了现场人员劳动强度,也对检测精度产生不利影响。

2. 管理水平低

在很多工地试验室,其管理还处于比较粗放的状态。例如,在工地试验室进行某项试验,给出相应的报告后,对原始数据、文档等虽然也会进行简单保存,但经过一段时间或者出现人员变动时,原有的数据、文档可能会出现遗失。此外,擅自修改数据、报告等陋习乃至违法违规行为也可能发生,埋下工程质量和安全隐患。

3. 互通能力差

工地试验室一方面连接委托方(施工单位、材料供应商等),另一方面连接着建设方、上级主管部门。在信息化社会里,数据的互联互通是必不可少的。然而,由于数据格式的不一致等原因,现在绝大多数工地试验室与其他对象间还无法实现数据共享,只是简单地用文档进行传递。这为数据挖掘、精细化管理等带来了很大的障碍。

由此可见,对工地试验室的信息化改造是非常有必要的。

二、试验室信息化管理的目标

以泸州某高速公路为例,路线全长 42.307km,此高速公路具有点多、面广等特点,以此导致项目各级参建单位在工程建设管理过程中工作繁杂、衔接不畅、执行难度高。建设单位、监理、施工单位作为工程建设质量的责任主体,采用何种监管方式来确保工程建设实时处于受控状态的问题也越来越突出。

"公路建设项目监管云平台(又称:试验室信息化管理平台)"拟在已有管理模式基础上,探索"互联网＋工程监管"发展新思路,实现跨区域、跨项目信息资源整合,对工程重点地点或部位、隐蔽工程、关键指标原始数据、远程视频监控、安全预警等信息进行浏览、查询和统计分析,形成数据"来源可查、去向可追、监督留痕、责任可究"的完整信息链条。

具体实现的目标为:

(1)实现项目风险防控,确保工程建设和质量管理处于受控状态;

(2)建设具有建设、监理、施工单位三级监管特色及行业领先的信息化系统;

(3)强化建设单位主导,落实监理、施工单位的责任,最大限度地保证工程建设质量,提高工作效率。

三、试验室信息化架构

在工程建设项目管理中,采用传统管理方式进行质量管控存在业务管理难点,从原材料进场、检测、使用等各个环节控制点相互孤立,针对各项质量数据无法做到相互关联,无法为建设项目单位提供质量控制综合分析决策。质量管控难点如图 6-3 所示。

试验室信息化是智慧检测在建设施工领域中的应用之一,通过 BIM 信息模型、物联网、云计算、大数据、移动计算和智能设备等软、硬件信息技术的综合应用,与施工生产过程相融合,紧紧围绕并聚焦施工现场人(人的组织、技能和意识)、机(使用的机械)、料(投入的物料)、法

(施工方法、工艺)、环(施工的自然环境和现场环境)等五大关键要素,最终实现工地的数字化、精细化、智慧化生产。

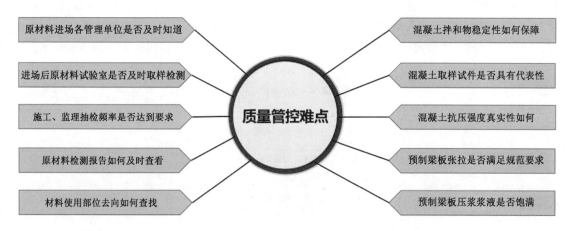

图 6-3　质量管控难点

因此,公路建设项目智慧监管云平台基于五大关键要素的考虑,确定了项目试验检测业务版块动态监管的关键点,包括试验人员、试验检测过程、试验机、桥梁动态监控等,实现施工过程、试验检测过程全面、实时监管,形成一套科学、合理、高效的监控管理系统。

为实现此高速公路信息化建设和管理,加强过程质量控制和监管,积极响应交通运输部《关于打造公路水运品质工程的指导意见》〔交安监发(2016)216 号〕等文件精神,推行"智慧工地"建设,提升项目质量管理水平,探索"互联网 + 交通基础设施"发展新思路,推进大数据与项目管理系统深度融合,逐步实现工程全寿命周期关键信息的互联互通,公路建设项目监管云平台在已成熟的信息管理方法的基础上,积极开展技术创新,实现质量管控业务版块全过程信息化管理。其主要使用了以下业务应用系统:

(1)工程材料管理信息管理系统;

(2)公路工程工地试验室信息管理系统;

(3)试验机联网与动态监控系统;

(4)试验室人员履约智能考勤管理系统;

(5)试验过程视频监控系统;

(6)试件二维码见证取样管理系统。

质量控制的主要流程架构体系如图 6-4、图 6-5 所示。

四、试验室信息化系统的组成

1.试验室质量管控智慧监管云平台

该平台在此高速公路项目上应用对象主要是建筑、各监理单位等建设、管理、监理层。各级管理、监管人员通过该平台可在线实时查阅并掌握项目试验检测各业务环节工程质量情况,同时对于各环节超标、超差等预警数据直接通过 App 端进行提醒,如图 6-6 ~ 图 6-9 所示。

2.试验室人员履约考勤系统

利用先进的人脸识别技术,通过人脸识别网络考勤机、智能手机 App 与 Web 端管理后台的结合与应用,实现人证合一验证、"实时定位 + 人脸自拍"考勤,严抓关键岗位,其中包括施工单位的项目经理、总工安全生产负责人,监理单位的总监、专监,设计单位的驻地设计代表以及工地试验室授权负责人等人员的履约管理,并利用项目动态管理平台,实时分析统计相关人员的考勤记录,实现缺岗人员预警功能,并将考勤结果纳入企业信用评价考核体系,实行信用考核一票否决制。考勤打卡系统如图 6-10 所示。

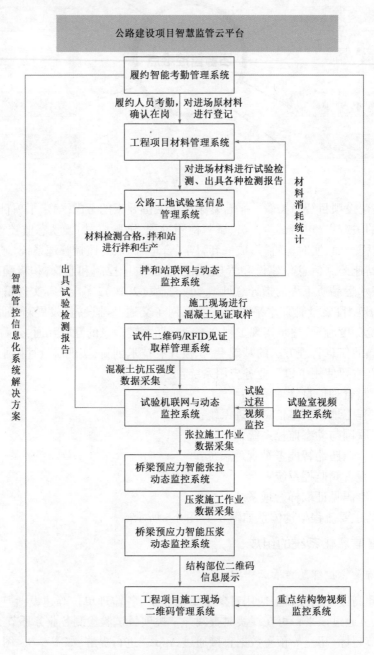

图 6-4 管控信息化流程图

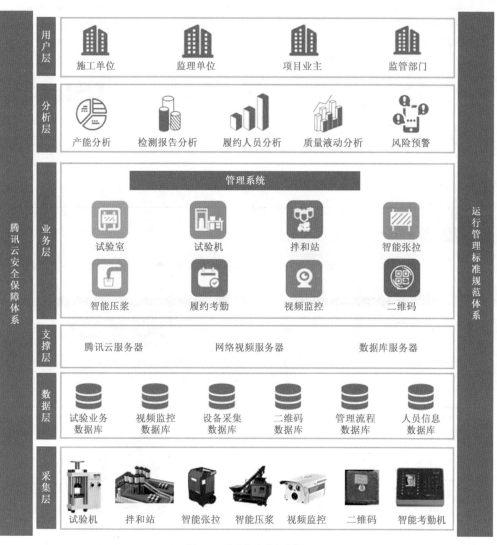

图6-5　管控信息化架构图

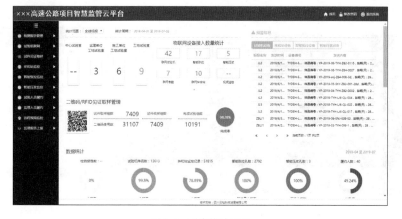

图6-6　平台统计界面

图 6-7　质量分析走势及环比图

图 6-8　试验机数据结果分析

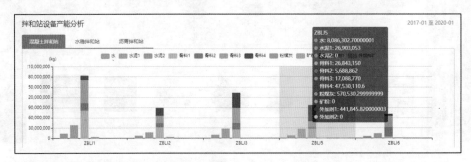

图 6-9　拌和站设备产能分析图

图 6-10　考勤打卡系统

3. 工程项目材料管理系统

系统可对工程建设项目中所用的砂、石、水泥、钢筋、外加剂等各种原材料进行有效的管理。从材料的进场登记(进场日期、批次、厂家、数量、存放位置等),到材料的指标检测情况,再到材料的使用登记(使用日期、批次、厂家、数量、使用工程部位等)进行有效的管控。实现对材料进场、检测、使用等各环节进行全过程追踪索源。工程项目材料管理系统如图6-11所示。

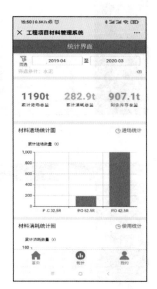

图6-11　工程项目材料管理系统

4. 公路工程工地试验室信息管理系统

系统按照检测行业标准化、信息化建设要求和软件产品标准,基于互联网+、大数据理念,采用先进的 B/S(浏览器/服务器)架构设计和研发。满足建设项目参建单位对工地试验室日常管理和业务处理需要,提高工作效率,提升工作质量;同时满足质监机构、项目建设单位、等级检测机构对工地试验室试验检测业务和行业监管层面的信息共享、互联互通要求。云平台如图6-12、图6-13所示。

(1)管理信息

实现对工地试验室基本情况、检测人员、仪器设备、标准(规范、规程)等信息登记管理,同时提供设备检定到期自动提示功能(首页显示)。

(2)样品管理

对工地试验室样品进行取样、留样登记管理;对养护试件出入库进行登记管理,同时提供到期试件自动提示功能(首页显示);对工地试验室进场材料信息进行登记、报验。

(3)数据报告

提供公路建设项目常用原材料、混合料、现场检测项目共 14 大项试验检测记录和报告,记录、报告均采用所见即所得编辑方式,提供强大、专业的试验检测数据处理功能,试验检测记录、报告可以实现批量打印以及批量导出 PDF 电子版文件功能,满足竣工资料电子档案组卷归档要求。

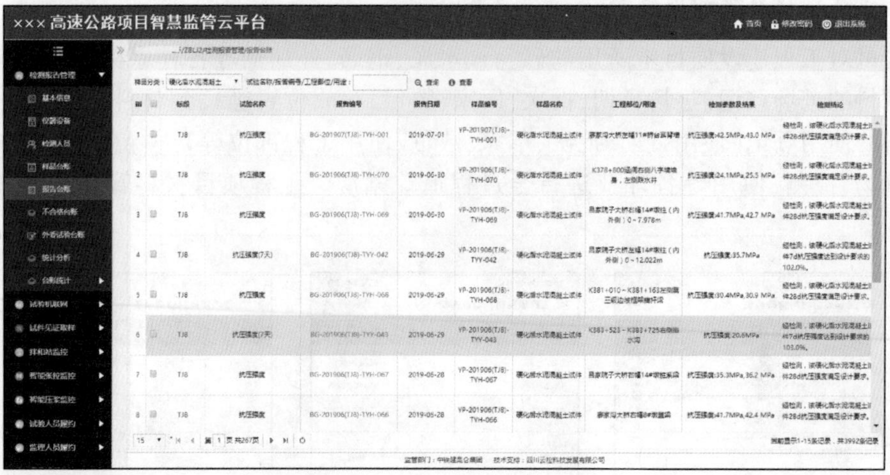

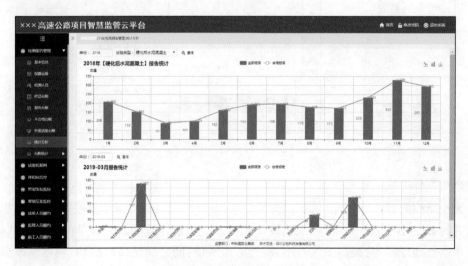

图6-12 项目监管云平台(列表)

图6-13 项目监管云平台(统计)

(4)智能采集

通过数据接口,可对智能改造的试验设备自动采集数据并实时上传,可以绘制试验曲线,自动生成检测记录、报告;可对安装的视频、温湿度等智能监控设备自动采集信息并实时上传,实现远程监控等功能。

(5)台账管理

自动生成样品取样和检测报告、不合格报告、外委试验管理台账,所有台账都能通过设置日期范围进行实时查询,导出到 Excel 表格中进行二次编辑打印,满足工地试验室查询、统计和上级主管部门的监管要求。

(6)评定统计

依据《公路工程质量检验评定标准　第一册　土建工程》(JTG F80/1—2017)规定,对需要评定的试验检测项目提供自动评定;根据试验日期范围自动查询、统计所有试验检测项目的检测次数、合格次数、检测频率,生成统计图表;根据试验日期范围,自动生成质量月报数据,通过系统上报。

(7)电子归档

按照试验检测项目分类,定期生成试验检测记录报告 PDF 文档和归档目录,满足电子档案组卷归档要求。

5.试验机联网与动态监控系统

利用计算机、网络通信等信息化技术和手段,通过采用独立采集系统或更换控制器等方式,实现压力机、万能试验机等力学设备原始试验数据的自动采集,并将数据实时上传至工地试验室信息管理系统和试验机联网与动态监控系统,自动生成试验检测报告,减少人为错误,提高工作效率。同时从源头上保证试验检测数据的真实性、准确性,在一定程度上遏制试验检测数据造假,实现试验检测工作和实体质量动态监管,如图 6-14 ~ 图 6-16 所示。

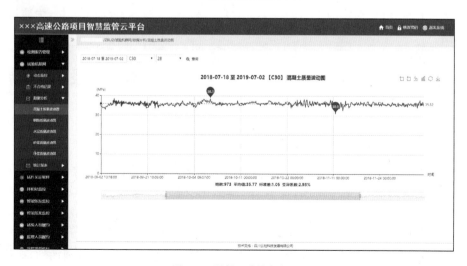

图 6-14　混凝土质量监管平台

图 6-15　混凝土质量波动图

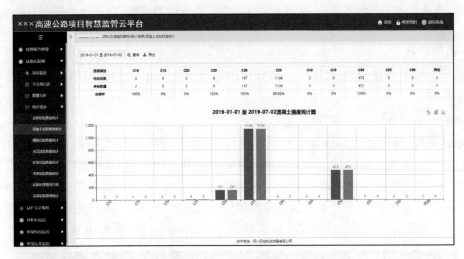

图 6-16　混凝土强度统计

（1）独立采集

试验机数据采集摒弃了传统的二次读取厂家数据库的方式，使用试验机数据智能采集系统，实现了从试验机底层直接读取和上传数据，保证试验数据和结果的原始性和准确性。

（2）信息共享

试验机数据独立采集系统与工地试验室信息管理系统通过样品编号，实现样品信息、试验原始数据的相互提取和无缝对接，不需要二次重复录入相关信息，即可直接生成检测报告，提高了工作效率，减少了人为错误。

（3）超标预警

试验机数据实时采集上传至联网与动态监控系统，实现远程动态监管，同时在云服务器端实现数据结果自动判定、超标数据分级预警和闭合管理。

（4）质量分析

按照多种查询条件，对实时上传的各类试验数据和结果进行质量动态分析，为质量控制提供决策依据。

（5）统计报表

按照多种统计方式，对实时上传的各类试验检测数量、合格率等分别进行统计，生成相应报表。

6.试验过程视频监控系统

（1）录像存储回放

该系统支持手动录像方式；支持普通回放模式、高级回放模式；支持单屏、多屏、全屏回放，支持带语音的录像回放；支持快放、慢放、回放抓拍、时间柱拖放；支持录像下载回放。如图 6-17、图 6-18 所示。

（2）矩阵管理

该系统支持对摄像机的手动、分组、定时、窗口、报警等轮巡切换；支持画面切割、拼接、高清显示，自定义窗口组合模式；支持对录像、图片进行查找搜寻和录像回放、图片查看；支持网络键盘、客户端软件等多种操作界面。

图 6-17　试验过程监控

图 6-18　试验过程录像

五、试验室信息化平台特点

1.“互联网 +”

“试验检测智慧监管云平台”基于云服务,采用先进的 B/S 互联网架构设计。用户无须安装客户端软件、加密狗、数据库,即可随时随地通过浏览器进行试验检测业务日常管理和操作。系统可以设置管理权限,满足多用户、多地点操作,实现数据共享,同时系统在线升级维护方便快捷。

2.标准化、规范化

“试验检测智慧监管云平台”业务架构、IT 架构设计严格依据国家标准、行业标准、试验检测规程、施工技术规范,以及《公路水运试验检测数据报告编制导则》(JT/T 828—2019)及其释义手册、《公路工程工地试验室标准化指南》等标准，符合公路工程试验检测行业标准化管理要求。

3. 全过程信息化管理

"试验检测智慧监管云平台"通过二维码技术、智能手机终端和物联网等信息化技术和手段，实现重要试验检测数据从样品现场取样、数据采集和视频监控上传和记录、报告编制等过程的信息化管理和动态监管，通过样品唯一性编号，实现样品、记录、报告、台账等数据的相互关联和溯源需求，在一定程度上遏制了数据造假行为，规范试验检测活动。

4. 关键数据实时上传和预警

"试验检测智慧监管云平台"通过计算机、网络通信和物联网等先进的信息化技术和手段，实现试验机、拌和站等重要设备的数据联网、监控与实时上传，加强对重要原材料、结构物强度和混合料拌和质量等关键数据和指标的过程控制和不合格或超标数据预警，从源头上保证试验检测数据和结果的真实性和准确性，全面提升工程质量和管理水平。

6.2.2 检测数据信息化

一、检测数据信息化现状

检测数据信息化是结构检测智慧化的重要一环。检测数据信息化重点突出质量和品质，解决施工、运营、养管过程中的工程质量问题，及时反馈、及时治理，将监管前置到一线人员，实现高效率、高覆盖、低投入的智慧建养体系。

目前，检测数据管理困难，主要有以下几点原因：

（1）数据量大。在建设及运维养管期间会产生大量的数据文件，尤其是检测报告、检测人员信息、检测进度信息等。

（2）数据类型广。不同检测单位运用不同设备进行检测，同一检测参数运用不同方法进行检测。

（3）涉及单位多。建设中需要不同的建设、施工、监理、检测单位参与。文档的归属和文档查看权限需要谨慎设计。

（4）周期长。从项目立项到实现智能维护，这个过程至少数年。

（5）数据归属复杂。数据档案管理部门众多，不但包括国家档案局，还有建设单位、投资方、运管单位等，数据与数据之间的关联性差。例如，在交通工程质量管理中，一个工程质量好坏受太多因素影响，很难确定哪项数据是影响质量的决定性因素。长期以来，项目中工程数据管理存在松散而不健全的问题。大量的工程数据散布在每个工程节点单位，没有进行系统的管理和归纳，也存在没有专人对数据进行整理与分析的问题。某些工程项目甚至由于对工程数据管理不重视，导致质量部门检查时，出现数据造假的情况。

因此，对结构检测的数据实行信息化管理是十分有必要的。

二、检测数据信息化实施

检测数据信息化实施部署包括硬件端与软件端，硬件端通过各种信息化改造部署实现对检测数据的信息化采集，软件端对各类设备采集的数据进行上传储存管理并分析展示，如图6-19、图6-20所示。

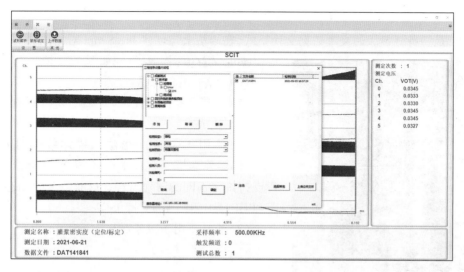

图 6-19 检测设备数据采集与上传界面 1

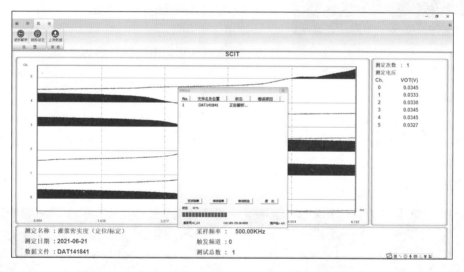

图 6-20 检测设备数据采集与上传界面 2

三、数据格式的标准化

对于接入各个环节的检测数据,需要对数据格式做标准化处理,即对数据的分类、编码、分层等进行统一,主要包括地图投影、坐标系统、地理编码等。此外数据信息涉及面广,内容复杂,既有各种参数、指标等可量化的信息,又有大量各种现象与特征描述等无法量化的信息。在制定标准时,必须充分考虑,使其在满足数据收集与整理需要的同时,又能满足计算机录入与输出的要求。为了便于对数据进行管理和快速检索与分析,根据具体情况和用户需求,采取分层的方法存放数据。空间数据库标准化设计主要涉及子库编码、子库层次结构、数据库地图编码、图层命名规则、图元命名规则、区域分类代码命名规则、属性表命名规则几部分。

在数据传输中,常用的三种数据格式分别为 JSON、XML、YAML。

1. JSON

JSON 是一种轻量级的文本数据交换格式，在语法上与创建 JavaScript 对象的代码相同，由 key/value（键/值）构成，格式如图 6-21 所示。

```
{
"dates": {
  "date": [
    {
      "id": "1",
      "name": "JSON",
      "abb": "JavaScript Object Notation"
    },
    {
      "id": "2",
      "name": "XML",
      "abb": "eXtensible Markup Language"
    },
    {
      "id": "3",
      "name": "YAML",
      "abb": "Yet Another Markup Language"
    }
  ]
}
```

图 6-21　JSON 格式

JSON 格式的优点是：

（1）具有自我描述性，易于阅读和编写，也易于机器解析与生成。

（2）使用 JavaScript 语法来描述数据对象，但是 JSON 仍然独立于语言和平台。JSON 解析器和 JSON 库支持许多不同的编程语言。目前大多的动态编程语言（PHP，JSP，NET）都支持 JSON。

（3）非常适用于服务器与 JavaScript 交互。

2. XML

XML 是可扩展标记语言，是一种用于标记电子文件使其具有结构性的标记语言。XML 格式如图 6-22 所示。

使用 XML 可以：

（1）通过 XML DOM 循环遍历文档。

（2）读取值与变量同时存储。

3. YAML

YAML 的语法和其他高级语言类似，可以简单表达清单、散列表、标量等数据形态。它特别适合用来表达或编辑数据结构、各种配置文件、文件大纲（例如许多电子邮件标题格式和 YAML 非常接近）。YAML 的配置文件后缀为 .yml，如：runoob.yml。格式如图 6-23 所示，YAML 的适用范围：

```xml
<?xml version="1.0" encoding="UTF-8" ?>
<dates>
    <date>
        <id>1</id>
        <name>JSON</name>
        <abb>JavaScript Object Notation</abb>
    </date>
    <date>
        <id>2</id>
        <name>XML</name>
        <abb>eXtensible Markup Language</abb>
    </date>
    <date>
        <id>3</id>
        <name>YAML</name>
        <abb>Yet Another Markup Language</abb>
    </date>
```

图 6-22　XML 格式

```yaml
dates:
  date:
    -
    id: 1
    name: JSON
    abb: "JavaScript Object Notation"

    id: 2
    name: XML
    abb: "eXtensible Markup Language"

    id: 3
    name: YAML
```

图 6-23　YAML 格式

(1)由于实现简单,解析成本低,特别适合在脚本语言中使用。

(2)YAML 比较适合做序列化。

(3)YAML 做配置文件也比较适宜。比如 Ruby on Rails 的配置文件就选用的 YAML。

四、检测数据信息化管控平台

该平台的基本功能是按照用户要求,从大量的数据资源中提取有价值的数据,主要是将建筑结构全生命周期产生的检测(外检)数据进行统一存储,并对数据展示、分析等应用提供数据支持,建立结构检测数据完整的工程质量档案,实现数据实时上传、及时申报审批、处理结果反馈前置等功能,从而辅助智慧决策。平台如图 6-24 所示。

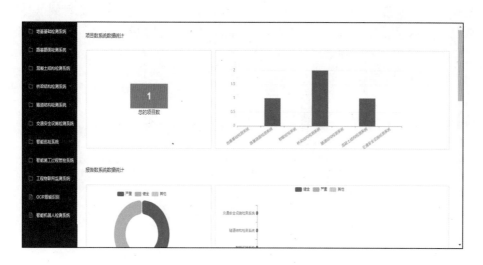

图 6-24 检测(外检)数据管控平台

6.2.3 检测设备管理信息化

一、概述

检测机构拥有各种各样的设备,在实际的管理中往往存在以下问题:

(1)资料管理混乱。无论是纸质资料(报告、设备信息等)还是电子文档,容易丢失、损坏,为溯源、查询带来困难。

(2)设备状态不清晰。每台设备行踪过程不明确,不能实现设备状态实时共享及查询。

(3)设备维修不及时。传统维修需要专人跟进,进度缓慢,保养周期及保养记录耗费资源。

以下是基于钉钉(也可采用企业微信、飞书等其他三方公共平台)构建的,可自行定义的检测机构设备管理系统的介绍。

二、设备管理系统构成

设备管理模块包括设备出入库等动作管理、单台设备二维码扫描查询动态、设备总台账二维码扫描查询总体动态。

(1)设备履历管理:集成化的设备履历,全方位查阅一台设备的基础档案以及其使用和维保情况,履历包括基础信息,如设备编号/名称/型号、归属部门等。

(2)二维码标识牌管理:扫描二维码,实时查看单台设备履历;扫码可实现设备领用及入库;扫码查看历史出库/维修等记录。

(3)实时更新设备状态:实时显示设备最新运行状态,维修/保养后实时更新设备履历。

(4)其他:设备借出、保养、维修等流程化管理。

该系统操作简单明了,仅需填写本人负责部分信息,提交后,即可自动流转到下一负责人,直至完成整个流程。整个流转过程中,无须寻找负责人,随时可查看当前流程的状态,如图6-25～图6-27所示。

图6-25　设备运营概况

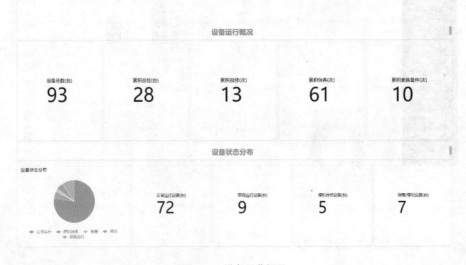

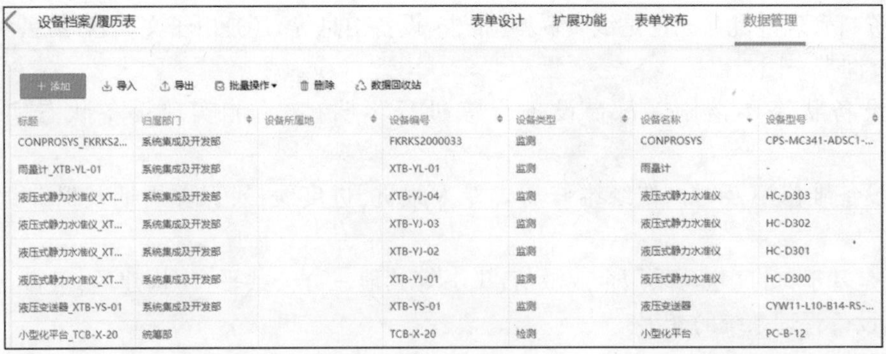

标题	归属部门	设备所属地	设备编号	设备类型	设备名称	设备型号
CONPROSYS_FKRKS2...	系统集成及开发部		FKRKS2000033	监测	CONPROSYS	CPS-MC341-ADSC1-...
雨量计_XTB-YL-01	系统集成及开发部		XTB-YL-01	监测	雨量计	-
液压式静力水准仪_XT...	系统集成及开发部		XTB-YJ-04	监测	液压式静力水准仪	HC-D303
液压式静力水准仪_XT...	系统集成及开发部		XTB-YJ-03	监测	液压式静力水准仪	HC-D302
液压式静力水准仪_XT...	系统集成及开发部		XTB-YJ-02	监测	液压式静力水准仪	HC-D301
液压式静力水准仪_XT...	系统集成及开发部		XTB-YJ-01	监测	液压式静力水准仪	HC-D300
液压变送器_XTB-YS-01	系统集成及开发部		XTB-YS-01	监测	液压变送器	CYW11-L10-B14-RS-...
小型化平台_TCB-X-20	统筹部		TCB-X-20	检测	小型化平台	PC-B-12

图6-26　设备档案

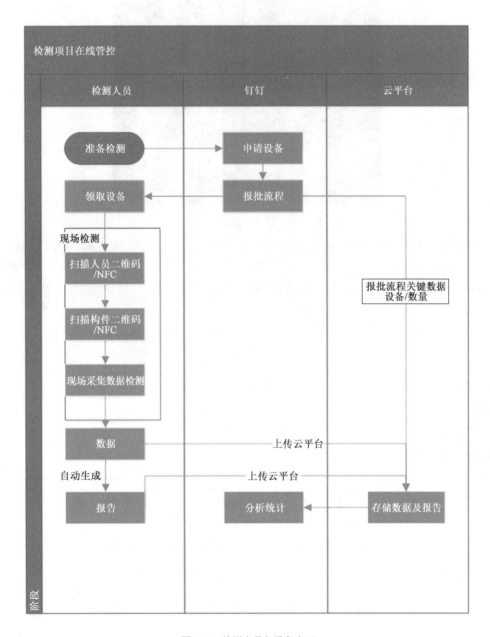

图 6-27 检测人员与设备交互

6.2.4 隧道衬砌质量信息管理系统

隧道是公路、铁路等交通基础设施中的重要组成部分。隧道衬砌作为隧道支护的最后一道屏障,其施工质量越来越受到重视。特别是在铁路运输中,隧道衬砌掉落是危害行车安全的重大隐患之一,其质量、厚度及混凝土强度已直接纳入红线管理规定。某市政隧道内衬脱落事故如图 6-28 所示。

图 6-28 某市政隧道内衬脱落事故

根据各项规程技术指导,隧道衬砌质量信息管理系统(图 6-29)将采用各种检测方法得到的数据,通过 BIM/U3D 建模,实现参数快速建模、检测数据驱动模型变化、检测数据三维可视化展示等功能,进而直观展现结构质量安全信息。相关资源见智慧工地二维码。

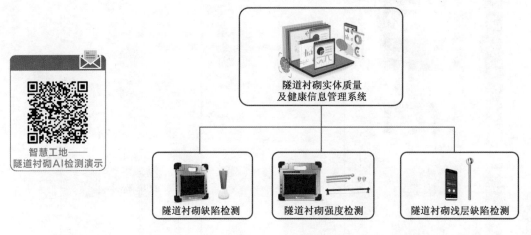

图 6-29 隧道衬砌质量信息管理系统

该系统具有如下特点:

(1)综合反映衬砌质量信息。将隧道衬砌的缺陷、强度等参数,通过模型系统全面展示。

(2)便于管理和定位。通过 BIM/U3D 技术将工程实体快速建模,将工程立体呈现。

(3)与详检、巡检设备联动直接生成图像。将测点与数据进行图形定位,通过检测实际数据驱动模型数据变化,在模型端对应位置体现相应缺陷,使缺陷类型及相应模型无缝衔接到模型实体。

(4)直观快捷地查询检测数据。在图上直接点击查询检测数据及报告文档即可快捷地查询检测数据。

隧道检测三维可视化展示如图 6-30、图 6-31 所示。

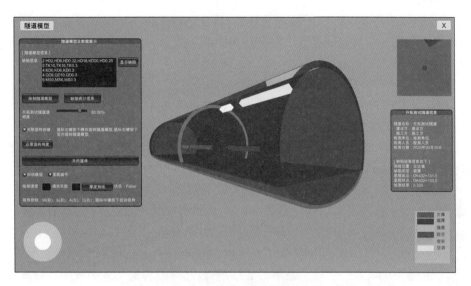

图 6-30　隧道检测三维可视化展示 1

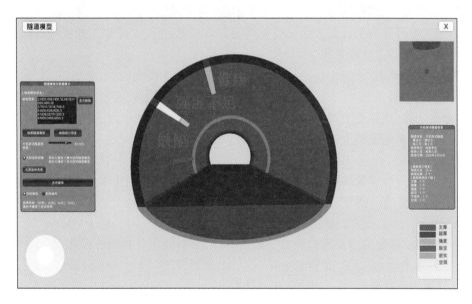

图 6-31　隧道检测三维可视化展示 2

"1 + X"考证训练题

　　本教材将"1 + X"职业技能等级证书标准有关内容要求有机融入教材,下列试题与"1 + X"路桥工程无损检测职业技能等级证书考核密切相关。其中选择、判断题对应中级证书,思考题对应高级证书(高级覆盖中级)。任课教师可根据课程需要,因材施教,梯度教学。

一、单选题

1. 智慧检测技术体系以（　　）技术为核心,结合工程检测从手段智慧化到数据智慧化的发展趋势,打造以智慧检测铸就品质工程的技术体系。

  A. 监测   B. 检测   C. 平台   D. 工人

2. 前端功能模块可按照（　　）两条线划分为两个系统。

  A. 检测数据采集与数据管理   B. 监测数据采集与检测管理

  C. 检测数据管理与监测管理   D. 检测数据采集与检测管理

3. 结构检测数据管理模块的功能是将（　　）所采集的检测数据以信息化的方式上传至平台进行储存分析展示。

  A. 试验室数据 B. 外检设备 C. 传感器   D. 工程信息

4. 试验检测数据管理模块的功能是将（　　）的试件试验数据及检测单位试验室设备所采集的检测数据以信息化的方式上传至平台进行储存分析展示。

  A. 工地试验室 B. 外检设备 C. 桩基检测 D. 混凝土检测

5. （　　）是当今世界经济社会发展的必然趋势,已然成为推动人类社会高速发展的强大动力。

  A. 纸质化   B. 层级化   C. 信息化   D. 单一化

6. 利用计算机、网络通信等信息化技术和手段,通过采用（　　）或更换控制器方式,实现压力机、万能试验机等力学设备原始试验数据的自动采集、实时上传至工地试验室信息管理系统和试验机联网与动态监控系统。

  A. 独立采集系统   B. 混合采集系统

  C. 混合控制器采集   D. 独立控制器

7. 隧道是公路、铁路等交通基础设施中重要的一环,（　　）作为隧道支护的最后一道屏障,其施工质量越来越受到重视。

  A. 围岩   B. 通电   C. 通风   D. 隧道衬砌

8. （　　）是一种轻量级的文本数据交换格式,在语法上与创建 JavaScript 对象的代码相同,由 key/value(键/值)构成。

  A. XML   B. JSON   C. Excel   D. YAML

9. 检测数据信息化可以提高检测数据的（　　）、分析效率并且利于保存。

  A. 管理水平 B. 薪资水平 C. 准确程度 D. 分辨率

10. 监管前置可达到（　　）的智慧建养体系。

  A. 高效率、低覆盖、高投入   B. 高效率、高覆盖、高投入

  C. 高效率、高覆盖、低投入   D. 低效率、低覆盖、低投入

二、多选题

1. 智慧检测重点突出工程质量和提升品质,致力于达到什么目的?（　　）

  A. 检测数据信息化   B. 传统手段智能化

  C. 平台应用智慧化   D. 接口协议标准化

2. 智慧检测平台可独立于综合智慧建造平台使用,也可高度融合。平台监管的核心模块

是什么？(　　)

 A. 劳动人员 B. 生产效率 C. 质量   D. 安全

 3. 智慧巡检系统以智能手机为载体,充分利用手机的(　　)功能开发出一系列快速巡检功能来采集现场各项数据。

 A. 录音   B. 拍摄   C. 内置传感器 D. 外接

 4. 加强公路建设质量(　　),强化质量形成全过程闭环,达到监督管理部门信息与公路建设现场进度同步化,管理高效化。

 A. 事前预防 B. 事中监管 C. 事后溯源 D. 处罚力度

三、判断题

 1. 检测作为工程质量安全的重要一环,贯穿了工程建设的全生命周期,检测工作的实施环节包括:质监站(监督抽检)、代表业主的第三方检测(三检)、监理(抽检)、装配式预制场或预制梁场(自检+三检)、施工方(自检)、养护管理部门(定检)等。(　　)

 2. 根据国家相关政策要求,以发展理念为引领,以技术创新为驱动,以信息网络为基础,以提升品质为宗旨,打造具有先进性、系统性和可扩展性的智慧检测技术体系,有效地、全方位地提高工程整体质量和安全性,确保品质工程的工程品质。(　　)

 3. 结构检测数据管理系统细分为:地基基础检测系统、路基路面检测系统、混凝土结构检测系统。(　　)

 4. 试验室信息化是智慧检测在建设施工领域中的体现之一,其通过 BIM 信息模型、物联网、云计算、大数据、移动计算和智能设备等软、硬件信息技术的综合应用,与施工生产过程相融合,紧紧围绕并聚焦施工现场人(指人的组织、技能和意识)、机(指使用的机械)、料(指投入的物料)、法(指施工方法、工艺)、环(指施工的自然环境和现场环境)等五大关键要素。

(　　)

 5. 检测数据信息化实施部署只包括硬件端,硬件端通过各种信息化改造部署实现对检测数据的信息化采集。(　　)

四、思考题

 1. 传统的工地试验室主要存在哪些问题？

 2. 结构检测数据管理有何困难？

本章参考文献

[1] 刘海宁,施浩. 基于 Android 平台智能手机实现试验室管理系统 [J]. 硅谷,2012(6):23-24.

[2] 王菊娇,艾矫燕,罗冠. 基于安卓移动平台的高校电子信息试验室耗材管理系统的设计与研究[J]. 科技展望,2016(19):17-18.

[3] 赛多利斯科学仪器有限公司. LIMS 实验室信息管理系统[J]. 传感器世界,2007(1):51-51.

[4] 中华人民共和国交通运输部.公路工程技术标准:JTG B01—2014[S]. 北京:人民交通出版社股份有限公司,2014.

第7章 数字技术在工程养管中的应用

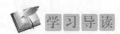学习导读

　　随着我国公路网的基本形成,路桥的数量和种类日益增多,路桥养护工作显得越来越重要。由于历史的原因,路桥养护工作在数字化、规范化、集约化和系统化方面还有很多工作要做。从数字化管理层面对路桥养护的资源问题和质量问题做出研究,并提出相应解决建议,是延长路桥运维周期的必要手段。本章介绍了3个数字技术在工程养管中的应用实例,目的在于拓展学生的视野,使其了解路桥数字化养护的总体情况。

7.1　福建省高速公路智慧养护管理系统

7.1.1　系统简介

　　福建省高速公路集团有限公司负责全省高速公路的"统一运营、集中管理",从2002年开始进行养护管理的信息化建设。2018年开始推进智慧养护管理平台,确定"统一、规范、共享、融合、高效、精细、科学、智慧"的养护信息化管理与应用目标,采用"总体规划、分步实施"的建设思路,通过整合优化原有各子系统,消除信息不对称、信息孤岛问题,采用数字技术逐步实现了养护信息服务智慧化和养护决策科学化。

一、业务应用架构

　　福建省高速公路智慧养护管理系统按照"1 + 2 + N"的架构进行建设,即1个体系、2个平台和N个业务系统,如图7-1所示。

　　1个体系:是指养护管理与信息化标准体系建设。

2 个平台:是指养护信息化集成应用平台、养护大数据分析应用平台。

N 个业务系统:是指养护专业管理系统(N 个),分别面向管理决策层、执行层使用。

通过高速公路养护集成整合,最终实现养护工程项目的标准化、流程化、数字化、科学化、智能化管理。

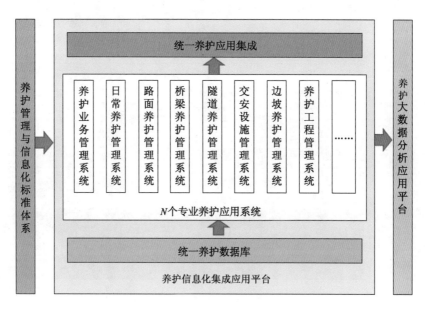

图 7-1　养护信息化应用架构图

二、总体技术架构

智慧养护管理系统在总体技术架构上强调整合共享、高效协同,是一套基于 B/S 架构的信息管理与辅助决策系统。按照信息数字化流转过程,技术架构包含 6 层,自下至上依次为传感层、基础设施层、信息资源层、应用服务支撑层、应用层、接入层,如图 7-2 所示。

(1)传感层由桥梁、隧道、高边坡监测设备、火灾传感器、路面检测器等组成。

(2)基础设施层主要由服务器、网络设备、存储设备、安全设备组成。通过虚拟化技术将数据库建成了可定义、可动态调整的数据库,以满足不断变化的业务需求。基础设施层利用物联网、视频监控、射频识别、传感器、定位设备、二维码等信息采集设备,对路面、涵洞、隧道、桥梁等重要结构物进行监测和采集,为上层应用提供基础信息来源。

(3)信息资源层包括养护基础数据、养护主题数据、养护业务数据、空间地理信息及非结构化数据,为开展业务应用提供信息资源支撑服务。

(4)应用服务支撑层把各应用系统具有的共性的、基础性的模块抽取出来,统一打造成为面向各应用系统共享、共用、可控的企业级信息化基础应用支撑平台,改变系统的"烟囱式"各自独立建设的状况,避免基础功能模块的重复开发,实现系统间的有效融合。

(5)应用层是根据数字高速管理和服务的需求建立的各种智慧应用和应用整合。主要包括针对养护业务的各类信息化应用系统、决策分析系统、日常养护管理系统(包括路面养护)、桥梁养护管理系统(包括涵洞)、隧道养护管理系统、交通安全设施管理系统、养护多媒体文档管理系统等。

（6）接入层通过各种服务渠道和服务形式向政府、企业和公众提供一体化、信息化服务，构建统一门户，提供一站式服务。

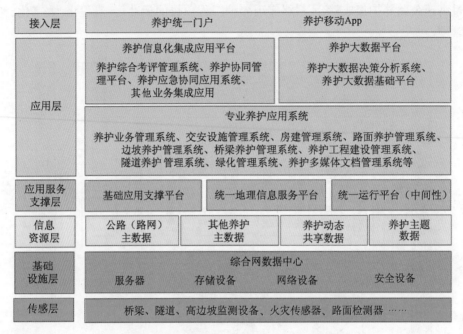

图7-2　高速公路智慧养护管理系统总体技术架构图

下面主要展开介绍该系统的应用层。

7.1.2　应用层介绍

一、综合养护管理系统

综合养护管理系统以养护业务管理为中心，覆盖了日常养护管理及养护资产管理、应急抢险及专项工程管理的工作内容。

整体架构分为基础数据库、管理应用和业务应用三部分，具有基础数据存储与查询、养护管理与统计、专业分析与决策等功能。

基础数据库包含基础设施信息库及养护技术标准库。基础设施信息库用于记录高速公路中所有道路相关资产信息的静态数据库，包括桥涵隧结构物、路面路基、边坡、交通设施、绿化等相应的所有数据。养护技术标准库是针对高速公路养护过程中的技术要求进行统一规范的管理，方便对高速公路养护工作进行统计分析，为做好养护决策提供数据支撑。

管理应用包含养护管理 IOC 及养护信息门户两部分。养护管理 IOC 用于全面展示养护基础数据和养护业务数据，并提供应急协同作业功能，包括资产数据统计、日常养护管理、专项工程管理及应急协同。养护信息门户用于分级展示养护业务管理与决策的信息视图，根据不同的角色，显示不同的视图信息。

业务应用覆盖了智能应用、养护业务应用，以及专业应用与决策系统三部分内容，如图 7-3、图 7-4 所示。

图7-3　福建省高速公路养护管理平台监控视图

图7-4　移动终端应用

（1）智能应用。智能应用主要作用是建立养护工位监控及移动终端应用,实现养护数据的数字化流转,使一线养护生产人员能高效完成巡查、检查、维修等养护工作,使管理人员能快速进行流程审批、数据查阅、工作监管等操作,提高实际工作效率。

（2）养护业务应用。养护业务应用包括养护巡查、技术检查、小修维护、养护物资、检查考核、养护计划与进度、供应商管理、养护信用考核管理、基础站房管理、养护人员管理、养护机具管理、工程管理、采购管理、合同管理等常规功能。

（3）专业应用与决策系统。路况管理系统对高速公路的路面状况进行数字化管理和定量评价,包括评价单元管理、数据接口、路况数据管理、路况评定分析、评定统计汇总等。

二、道路便携智能巡检系统

道路巡检是公路日常养护管理中重要的工作内容和前置环节,是道路管理单位每天必须完成的工作之一。道路便携智能巡检系统是养护管理系统中日常养护专业应用系统的外业数据采集系统,是一套基于机器视觉信息的快速采集及智能分析系统。该系统基于人工智能,利用计算机视觉等先进技术,实现路面宏观病害、路面洒落障碍物及路侧交安护栏被破坏等日常巡检工作内容的自动检测、自动识别、自动登记和自动对比。

技术框架包括传感器硬件集成部分、数据采集部分及数据智能分析三部分,如图7-5所示。其中数据智能分析主要包含以下3个模块:

（1）道路标牌自动识别测量模块:可实现对标牌的自动识别、分类、定位、尺寸测量,以及文字信息提取。

（2）道路沿线护栏隔离等基础设施检测模块:能实现对沿线护栏隔离带的自动识别分类及测量。

（3）道路病害自动检测模块:能实现对道路主要病害的自动检测及统计。

三、桥梁养护管理系统

福建省高速公路桥梁养护管理平台系统为通用的桥梁养护管理系统,当前主要针对长大桥梁养护管理需求,遵循统一管理、统一目标、统一要求、统一部署的原则进行设计,将辖区内的长大桥梁养护管理系统做集中管理;下阶段将覆盖全部桥梁的养护管理。

图7-5 便携式智能巡检系统采集界面(左)和便携式智能巡检系统标志标牌自动识别展示(右)

　　该桥梁养护管理平台系统通过统一桥梁构件编码规则及病害数据采集格式,实现数据格式统一;利用数字信息技术,通过移动终端实现桥梁养护日常巡查、夜巡查、经常性检查、定期检测的数字化、智能化采集,提高作业效率和数据采集的准确性;结合平台 Web 端,应用系统分析的方法,开展数据挖掘、评估分析、多维度展示及报告生成等工作,打破现有养护资料保存、查询、使用、备份困难的局面,实现对重点病害发展的全过程管理和桥梁养护数字化管理,如图 7-6 所示。

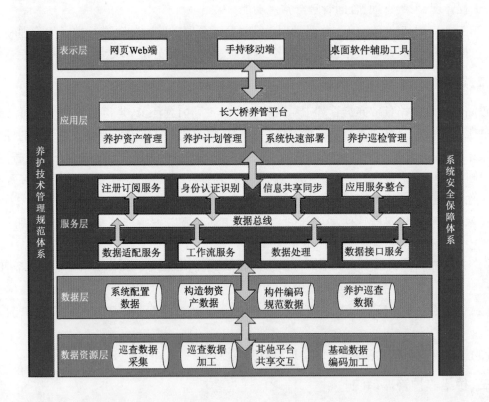

图 7-6 福建省高速公路省级养护平台结构图

四、长大桥梁监管系统

　　福建省高速公路长大桥梁监管系统(子平台)是桥梁养护管理系统的采集层应用系统,系统汇聚省内高速公路桥梁结构健康监测数据,实现桥梁构造物安全状况的集中监控、预警、响应、处置、检查、分析、评价从而实现统一监管,如图 7-7 所示。

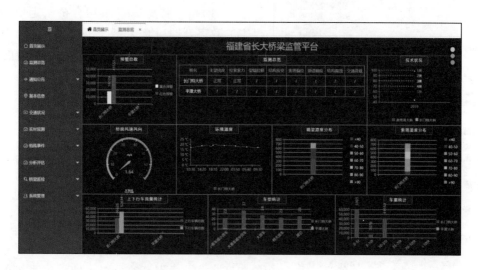

图 7-7　福建省高速公路长大桥梁监管平台信息总览图

该系统基于一个中心数据库设计,依托数据中心实现分散数据资源的集中管理,通过统一数据标准,实现多源数据共享,保障桥梁大数据使用及存储安全。同时,可按照多地桥梁数量及其多源监测项进行灵活配置,既可实现对长大桥梁、特殊结构桥梁定制化部署,又具备中小桥安全监管系统的通用化部署功能。

系统技术架构自下而上分为感知层、网络层、平台层和应用层 4 个层次,形成一个有机整体。

(1)感知层:将结构物的各项监测指标转换成计算机可以处理的电信号和光信号,进而转换成数字信号。

(2)网络层:对感知层处理的数字信号进行可靠传输,通过虚拟专用网(VPN)专用通道及物联网技术,实现感知层与平台之间的数据安全可靠传输。

(3)平台层:是数据存储、数据分析、决策预警等服务的部署中心,是本系统的核心。平台层通过数据库技术实现结构化数据存储;通过建立算法工厂实现不同种类监测数据实时处理;通过多源异构数据整合技术实现不同子系统数据的整合;通过 MQTT 物联网传输协议实现非局域网环境下海量监测数据的远程传输。

(4)应用层:包含监测总览、实施监测、分析评估、监测预警 4 个核心模块,通过数据可视化技术,实现实时监测数据、数据分析结果、预警信息等内容的展示,并通过 Web 服务及 App 客户端满足不同场景下的用户使用需求。

五、桥梁手持式信息化外业采集系统

桥梁手持式信息化外业采集系统是一款对桥梁外观信息化检查的软件,集信息录入、资料管理、病害采集、分析评估和报告下载于一体,提升检查效率。系统针对传统桥梁检查存在的效率低下、可追溯性差、连续对比分析困难等缺点,设置了内容齐全、易于操作的数据链和业务管理功能,以不同的角色来区分操作页面模块和使用功能权限,设置灵活而全面的权限管理,

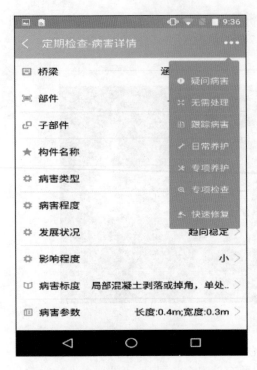

图 7-8　外业手持式 App 病害决策页面

充分考虑专业特点和现场作业实际情况以及便于质量管控，如图 7-8 所示。其功能特点如下。

（1）App 端及 Web 端均有桥梁定期检查病害的数字处理功能，将桥梁病害信息数字化后形成展布图，用病害展布图来展示桥梁的病害信息。

（2）GPS 检查轨迹记录：系统自动记录病害检测的 GPS 轨迹，保证检测数据为现场采集数据，杜绝假数据。

（3）构件二维码信息标签：可对构件定位快速识别，并与系统信息交互，便于养护数字化管理。

六、边坡自动监测平台系统

福建省高速公路边坡自动化监测平台是正在打造的福建省高速公路边坡管理系统的采集层应用系统，其数据采集管理基于 B/S 架构，集成了物理感知、数据传输、中间件、数据处理、数据支撑及数据展示发布六大功能模块。

该系统主要对灾害隐患点的表面变形、裂缝、深部位移、防护支挡结构的应力应变、地下水、降雨量、现场图像进行自动化连续监测，系统自动将监测数据数字化并进行远程数据传输和实时分析，通过云平台实现远程管控、智能分析和灾害预警，如图 7-9 所示。

图 7-9　边坡自动监测数据总览图

子系统包括边坡表面变形非接触式监测系统、边坡表面裂缝监测系统、边坡内部滑移监测系统、结构物裂缝变形监测系统、结构物/地表倾斜状态监测系统、锚索预应力监测系统、北斗卫星地表宏观变形监测系统、边坡高清图像智能监控系统、可视化边坡智能监控路联网系统。

边坡自动监测平台系统解决了人工监测数据不连续、时效性差、数据意义抽象的问题,实现了精确安全监测频率至分钟级、监控信息实时发布、监测信息与边坡三维物理空间真实对应等目的。

7.2　河北省高速公路智慧养管系统 CPMS-Heb

7.2.1　系统简介

河北省高速公路智慧养管系统由公路技术状况评定系统、路面管理系统、日常养护管理系统、综合养护分析系统 4 个子系统组成。系统以公路的日常巡查和养护为核心功能,采用先进的技术架构,结合 GIS 地图与智能手机 App 等技术,通过对病害与养护流程的规范化管理,实现了高效的公路养护数字化管理。系统整体技术架构如图 7-10 所示。

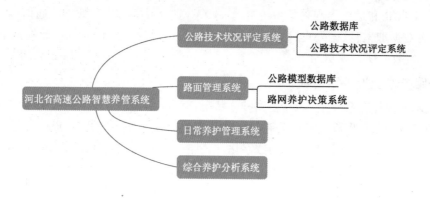

图 7-10　河北省高速公路智慧养管系统架构

系统结合公路养管部门的数字化管理需求,以公路日常巡查和养护管理为核心,设计和实现满足现代化公路养护管理需求的综合型智慧公路信息化系统和运维监控管理平台。主要应用价值如下:

(1)智慧监测:利用物联网智能硬件设备和无线传输技术,实时采集和监测公路设施的各类指标数据。

(2)智慧养护:通过对养护流程的规范化管理,实现从病害上报,到派单、养护、审核的完整的公路巡检养护数字化管理。

(3)智慧管理:通过整合公路监测数据、养护数据和视频数据等,实现以公路数字化养护为核心的综合运维监控管理平台。

(4)智慧服务:通过人、车、路的互联互通,及时联网发布交通信息及路况信息等,提高公路信息服务水平和质量。

下面主要针对公路技术状况评定系统和路面管理系统展开介绍。

7.2.2　公路技术状况评定系统

公路技术状况评定系统根据《公路技术状况评定标准》(JTG 5210—2018)开发,由公路数据库（Datainfo）和公路技术状况评定系统（MQI）两个子系统组成。

一、公路数据库

以2001年公路普查为契机建立的全国多级公路数据库系统，历经多年的数据推广更新，已包括九大指标集、80多张数据表、800多个数据项。用户涉及全国23个省（自治区、直辖市）、400多个地市、4000多个区县，已经成为全国交通行业统一的资源共享平台。

通过系统提供的各个模型和功能的运行，用户可直观地了解现有公路过去、当前和将来若干年内的营运状况，从而合理安排有限的养护资金，及时、经济、有效地对公路实施养护和维修，达到延长公路使用寿命、充分发挥其营运效能、确保交通运输安全通畅的目的。

公路数据库的主要功能是对公路的路线、路面、路基、构造物、设施和交通流量等有关信息进行数字化管理，它是公路资产管理系统各项决策的基础。公路数据库具有如下技术特点：

（1）能够用于沥青路面、水泥路面和砂石路面的资产管理。

（2）与国内外的高效检测设备（如自动弯沉仪、道路平整度仪、摩擦系数测试车SCRIM、路况数据采集仪PCR和道路景观采集系统RDView等）实现数据互联和数字化通信传输。

（3）具有数据加工、数据处理、数据保存、指标计算、路段数据自动生成、数据批量处理、数据库定期备份、数据恢复等功能。

二、公路技术状况评定系统

公路技术状况评定系统是贯彻《公路技术状况评定标准》（JTG 5210—2018）的系统软件，其作用是为各级公路管理部门实施公路技术状况检测、评定、统计和报表，提供快速、准确的计算工具，实现公路技术状况检测评定的数字化。公路技术状况包含路面、路基、桥隧构造物和沿线设施四部分评价内容，其中路面包括沥青路面、水泥混凝土路面和砂石路面。

7.2.3 路面管理系统

路面管理系统（Pavement Management System，简称PMS）是近20年来在道路工程界出现的一个新研究领域，其研究起源于美国和加拿大，最初针对的是路面的养护和改建。作为公路管理部门，应该尽快建立起自己辖区内的路面管理系统，运用现代管理科学的理论、系统的分析方法和计算机技术手段，为路面的养护、改建提供科学的数据和分析方法，以便有效地使用有限的资源，提供良好服务水平的路面，最终达到降低整个社会的交通运输成本、节约社会资源的目的。路面管理系统的功能主要体现在以下几个方面：

（1）利用路面使用性能数字化评价模型，通过对路网使用性能评价，分析现有路网内路面状况及今后路面状况变化，了解路网的基本状况。

（2）利用速度预测模型，针对路网中不同的道路和交通条件，分析预测各路段的道路通行能力及车流速度，进行路网内需养护、新建、改建项目的规划。

（3）规定路网各级道路的养护标准，估计路网的养护需求，并对新建、改建项目进行优先排序。

（4）分析年度内路网达到不同预订服务水平时所需的最小投资额。

（5）利用优化决策模型对各行政区域或不同等级道路或养护、新建、改建项目的资金进行优化分配，分析不同投资水平对路网使用性能的影响，确定最佳和合理的投资水平，实现养护决策数字化。

(6)敏感性及风险性分析。在新建或改建可选方案间进行分析比较,确定技术可行及社会效益和经济效益最好的新建、改建方案。

总之,路面管理系统的作用是为管理部门提供一个平台,使其对道路的管理更科学化、规范化、高效化,提高道路总体服务水平,节约整个社会的交通运输成本。

一、公路模型数据库

公路模型数据库是路面管理系统的重要组成部分之一。公路养护分析所要求输入的各种标准、参数、路面结构、评价模型和预测模型等数据信息都集中在公路模型数据库中,实行统一管理。公路模型数据库主要包括如下内容:

(1)路面评价及交通量划分标准。

(2)路面结构与养护方案。

(3)路面评价模型。

(4)路面性能预测模型。

(5)优先排序模型。

(6)路面养护决策模型。

公路模型数据库负责为公路数据库、路面管理系统提供模型计算需要的相关信息和参数。其中公路路面数据库提供面层结构、基层结构和路面结构(养护方案),路面管理系统则提供评价标准、养护标准、评价模型、预测模型、排序模型、决策模型等信息。

二、路网养护决策系统

路网养护决策系统是为公路规划、管理与养护技术人员提供路面技术状况评价、路面养护需求分析、路面养护预算分析和路面养护计划编制的辅助决策工具。路面养护分析是路网养护决策系统的核心,主要功能包括:

(1)路面技术状况评价。

(2)路面养护需求分析。

(3)路面养护预算分析。

(4)养护投资效益分析。

(5)养护预算优化分配。

(6)路面养护工程计划编制。

其中,路面养护工程计划是路面养护需求分析、路面养护预算分析和养护预算优化分配分析的结果。所以,必须完成三种分析,才能实施路面养护工程计划。

7.3 四川省高速公路桥梁安全监测示范系统

7.3.1 项目概况

为切实提高公路桥隧安全运营和养护管理技术水平,四川省高速公路建设开发集团有限公司(川高公司)对其管辖范围内高速公路重点桥梁安全监测系统进行示范工程建设。

示范工程需覆盖四川省高速公路路网中典型的特殊桥梁结构类型,即斜拉桥、中下承式拱桥、连续刚构桥和无黏结预应力钢筋混凝土简支梁,对这些结构形式的桥梁各选择一座分别建立结构安全监测系统,进行示范运行,并根据运行情况逐步在川高公司所管辖的桥梁结构中推广,并逐渐向隧道和高危边坡的监测进行扩展。

为了达到尽快实现示范系统之目的,桥梁安全监测示范系统主要包括以下内容:

(1)传感器监测系统的建立:以安全风险分析为基础建立传感器监测系统,实现数据实时采集和数字化传输。

(2)基本预警功能的建立:对监测数据进行分析评价,实现无模型方式的预警。

(3)基本承载能力评定的建立:对监测数据以校验系数为依据进行承载能力计算分析并进行初步评定。

在示范系统建设完毕后,可逐步将其扩充为运维信息系统,从而更全面地发挥安全监测系统的作用。在安全监测示范系统构思过程中采用了系统+服务的理念。其总体框架如图7-11所示。

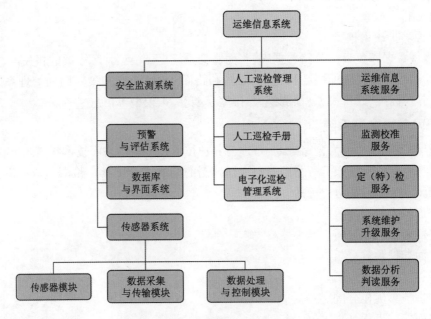

图7-11 安全监测系统总体框架

7.3.2 安全分析及测点布置

针对不同类型的桥梁,基于结构安全分析确定桥梁的监测内容项目,在此基础上确定传感器的选型、测点布置和数据采集方案。

一、连续刚构桥(黑石沟特大桥)

雅西高速黑石沟特大桥主桥上部结构为55m+120m+200m+105m连续刚构桥,主梁为分幅式单箱单室截面,桥面宽度为24.5m。荷载等级为公路Ⅰ级;主梁为三向预应力混凝土结构,采用单箱单室截面,箱顶板宽12.1m,底板宽6.8m。箱梁跨中及边跨现浇段梁高3.868m,

箱梁根部断面和墩顶 0 号梁段高 12.818m。主墩采用分幅式钢管混凝土组合高墩,墩顶横桥向 6.8m,顺桥向 10m,钢管混凝土格构柱为 4 根 1320mm 钢管,管内灌注 C80 混凝土,钢管混凝土柱间用型钢连接。主墩基础为 16 根直径 2.5m 的钻孔灌注嵌岩桩。

针对以黑石沟特大桥为代表的连续刚构桥梁特点进行安全分析,分析结果见表 7-1。在此基础上确定了连续刚构桥梁的监测内容、传感器选型和测点布置方案,具体见表 7-2,具体测点布置如图 7-12 所示。

黑石沟特大桥安全风险分析汇总表 表 7-1

序号	风　　险	概率	危害	是否属于安全风险	示范项目安全监测内容
1	预应力缺损	高	大	✓	梁体变形
2	基础不均匀变位	极低	大	×	
3	伸缩缝及支座病害	高	中	×	梁端位移监测
4	密集超重活载	低	大	✓	车轴车速、梁体变形
5	混凝土受力开裂	较高	大	✓	活载校验系数
6	混凝土缺损、钢筋锈蚀	较高	中	×	

黑石沟桥安全监测内容 表 7-2

序号	监测内容	监测设备	测点布置	传感器数量
1	挠度监测	封闭连通管测压	各跨跨中	6
2	卫星定位	GNSS	左幅中跨跨中、左幅墩顶、右幅中跨跨中	3
3	车轴车速	车轴车速仪	重车道	2
4	梁端位移监测	梁端位移计	梁端伸缩缝	4
5	气象监测	数字气象站	桥面	1

注:表中传感器数量属于上、下行两幅刚构桥。

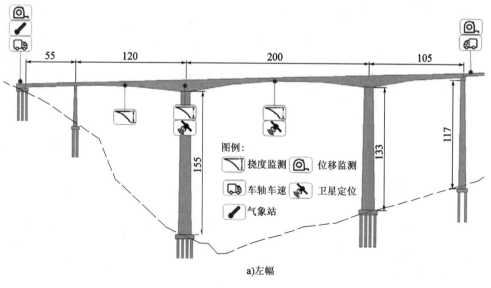

a)左幅

图 7-12

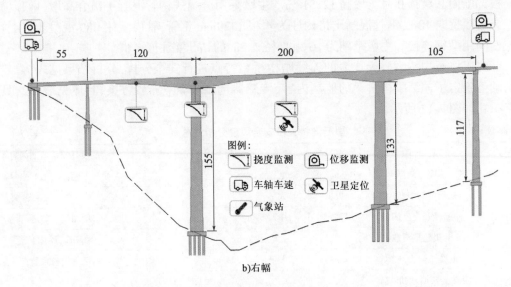

b)右幅

图 7-12 黑石沟特大桥测点总体布置图(尺寸单位:m)

二、斜拉桥(涪江四桥)

绵广高速公路涪江四桥孔跨布置为 12×25m 预应力混凝土简支空心板梁 +2×140m 独塔单柱单索面斜拉桥 +7×25m 预应力混凝土简支板梁,全桥长 755m,桥宽 31m。主桥斜拉桥采用塔、梁、墩固结体系,主塔为钢筋混凝土结构,塔高 89.6m;主梁为三向预应力大悬臂三角梭形箱形断面,梁高 3m,梁全宽 31m,两侧悬臂长 5m,箱底宽 4m。主桥斜拉索为平行钢绞线,由 ΦJ15.24 无黏结钢绞线组成,其标准强度为 1860MPa。拉索位于中央分隔带内,在塔的两侧对称布置 20 对共 80 根斜拉索,索距为 6.0m。

针对以涪江四桥为代表的斜拉桥特点进行安全分析,分析结果见表 7-3,在此基础上确定了斜拉桥的监测内容、传感器选型和测点布置方案,具体见表 7-4,具体测点布置如图 7-13 所示。

涪江四桥安全风险分析表 表 7-3

序号	风　险	概率	危害	是否属于安全风险	示范项目安全监测内容
1	索力改变	低	大	✓	恒载变形
2	拉索病害	高	中	✗	
3	预应力缺损	较低	中	✗	
4	基础不均匀变位	极低	大	✗	
5	伸缩缝及支座病害	高	大	✓	伸缩缝位移
6	密集超重活载	低	大	✓	车轴车速、梁体变形
7	混凝土受力开裂	较高	大	✓	活载校验系数
8	混凝土缺损、钢筋锈蚀	较高	中	✗	

涪江四桥安全监测内容 　　　　表7-4

序号	监测内容	监测设备	测点布置	传感器数量
1	变形监测	封闭连通管测压	各塔位置和边墩	4
2	卫星定位	GNSS	塔顶、跨中	3+1
3	车轴车速	车轴车速仪	重车道	2
4	气象监测	数字气象站	桥面	1
5	梁端位移监测	位移计	桥墩支座	4

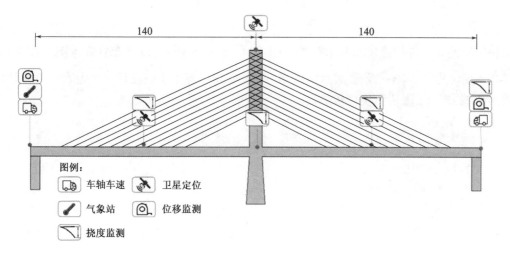

图7-13　涪江四桥测点总体布置图(尺寸单位:m)

三、中小跨径预应力混凝土梁桥(高滩大桥)

高滩大桥,大桥左幅桥跨形式为 $17 \times 25m$,右幅桥跨形式为 $15 \times 25m$,上部结构为预应力混凝土简支 T 梁结构,下部结构为柱式墩、桩基础,桥台为重力式桥台,扩大基础。

大桥最大桥高32.7m,桥梁主要用于跨域公路与谷地,本桥平面分别位于 $R=1100m$ 右偏圆曲线的缓和曲线上,纵断面纵坡 $i_1=0.6\%$、$i_2=-1.75\%$,位于 $R=22000m$ 的凸形竖曲线上。

高滩大桥代表性的第12跨右幅桥全部6片 T 梁为监测对象,建立桥梁施工与运营期健康监测系统。

高滩大桥监测项目及相应的测点布置见表7-5。

高滩大桥监测项目及测点布设位置 　　　　表7-5

类　　别	监测项目	测点/传感器类型	测点数量	单位	布　设　位　置
环境	温度	光纤光栅温度传感器	8	个	梁体3/4处
预应力施工	张拉力	智能张拉设备	1	项	预应力锚头
结构静力响应	主梁挠度	光纤光栅挠度传感器/连通管	7/1000	个/m	梁体跨中,桥墩
	主梁应力	光纤光栅钢筋计	42	个	梁体跨中主钢筋位置
	主梁应变	光纤光栅混凝土应变计	24	个	梁体支点附近混凝土内部
	伸缩缝位移	光纤光栅位移计	26	个	梁体端部附近

类　　别	监测项目	测点/传感器类型	测点数量	单位	布　设　位　置
视频监控	伸缩缝	高清网络摄像机	8	台	墩顶位置桥面上方
	支座				墩顶位置梁底
	桥面外观				墩顶位置桥面上方
数据存储		网络硬盘录像机	1	台	桥墩墩顶
数据转换		光纤光栅解调仪	1	台	桥墩墩顶
数据交换		工控机	1	台	桥墩墩顶
现场供电		太阳能供电系统	1	套	桥梁侧面

桥梁监测元器件的点位布置示意图如图 7-14、图 7-15 所示,现场布置实景图如图 7-16 ~ 图 7-19 所示,其中 ▬▬ 及 ● 表示钢筋测力计, ＼ 表示混凝土应变计, ↔↕ 表示位移计(箭头表示测试方向), ▲ 表示挠度传感器。

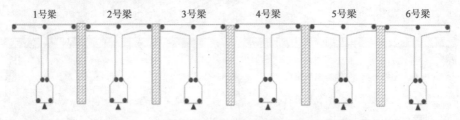

图 7-14　高滩大桥跨中横断面监测点位布置示意图

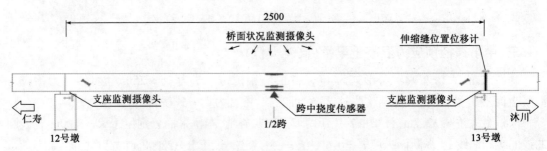

图 7-15　高滩大桥监测点位立面布置示意图(尺寸单位:m)

图 7-16　高滩大桥监测点位现场布置图

图7-17　高滩大桥应变计埋设

图7-18　高滩大桥T梁挠度计埋设

7.3.3　数据采集与传输方案

数据采集与传输方案,主要依据桥梁的跨径、供电等因素来决定主机的布置及数据传输的方式,一般采用工业以太网总线组建健康监测系统采集传输网络,典型案例如图7-20所示。

在传统上,采集站之间常采用光纤传输网络,其优点在于可靠性好、抗干扰能力强。近年来,由于无线数据传送技术的飞速发展,采用近场或者远距离无线传送的方案由于能够降低系统成本,进而方案数量逐渐增加。

图 7-19　高滩大桥太阳能板及摄像机安装

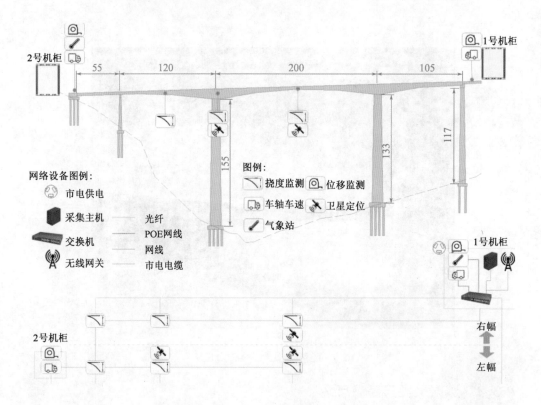

图 7-20　某连续刚构桥采集传输方案(尺寸单位:m)

7.3.4　监测数据处理与预警

一、数据预处理

在数据采集系统将监测数据采集后,数据处理的预处理模块实现数据处理、整合与存储功能,完成现场设备的管理与控制,尽量减少结构评估服务器的处理任务。

(1)与数据采集服务器进行通信,接收远程的采集数据,由远程数据采集模块完成。

(2)对所采集的数据进行预处理(包括滤波、提取、挖掘、通道间的数据耦合、数据格式转换),由数据预处理模块完成。

(3)将实时数据传给评估服务器,以便其可进行实时显示,由数据预处理模块完成。

(4)将原始数据与有效特征数据写入数据库,由数据预处理及系统控制模块完成。

(5)处理后的数据以指定格式数字化,全部进行二进制文件存储备份,由数据存储模块完成。

(6)将经过处理的数据以指定格式传输至云服务器,由 B/S 软件平台完成数据调用。

二、数据库及处理中心

对于安全监测系统而言,中心数据库主要是为了满足桥梁全寿命期档案管理要求,对监测数据,结构静(动)力指标监测数据,结构边界条件及荷载监测数据,结构分析、逆分析数据,日常巡检、养护、维修数据,事故、灾害处理数据,各种养护评估状态预测标准,分析评估权重指数、各类关键指数,各类管理流程方法,病害库、维修措施库、维修成本库、病害成因库、决策方法库等数据进行存储及管理。

结构安全监测系统数据库中,运营结构安全监测数据量很大,而且数据来自各个不同的子系统,组织数据录入就要将各类源数据从各个局部应用中抽取出来,输入计算机,再分类转换,最后综合成符合设计要求的数据库结构的形式,输入数据库。

所有监测数据经过数据分析形成各类数据报表,包括监测日报、周报、月报、年报,以满足桥梁安全监管需求。典型的监测数据呈现形式如图 7-21 所示。

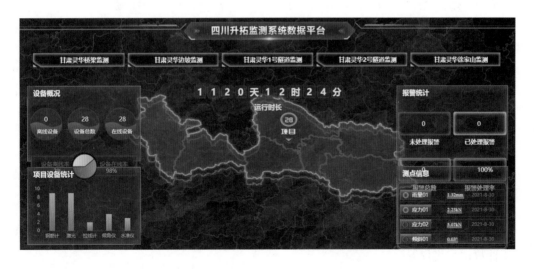

图 7-21　大屏视图

三、结构安全评估及实时预警

结构安全评估及预警系统是监测系统的最终成果体现,也是结构监测中技术难度最大的部分。该系统的主要功能是在监测数据超出阈值时进行安全预警,并综合各类数据对结构整体进行安全评估,其中涉及各种数据分析方法。

通常,安全预警设黄色和红色两级。

(1)黄色预警:提醒桥梁养管单位对环境、荷载与结构响应加强关注和跟踪观察。

(2)红色预警:警示桥梁养管单位对环境、荷载与结构响应连续密切关注和跟踪观察,查明报警原因,采取适当的检查、应急管理措施以确保桥梁安全运营,并应及时进行数据分析与结构安全评估。

在线实时预警的各类监测变量预警值需要专门研究,在本系统中,按照下列原则设置:

(1)当最高温度、最低温度、最大温差和最大温度梯度大于设计值时,进行黄色预警。

(2)当位移或变形大于设计值的0.8倍时,进行黄色预警。

(3)大于设计值或一个月内发现10次以上黄色预警时,进行红色预警。

安全预警信息一般应包括预警级别、传感器编号和位置、报警的监测值和预警值等。

"1+X"考证训练题

本教材将"1+X"职业技能等级证书标准有关内容要求有机融入教材,下列试题与"1+X"路桥工程无损检测职业技能等级证书考核密切相关。其中选择、判断题对应中级证书,思考题对应高级证书(高级覆盖中级)。任课教师可根据课程需要,因材施教,梯度教学。

一、单选题

1.福建省高速公路智慧养护管理系统技术架构包含6层,其中( )由桥梁、隧道、高边坡监测设备、火灾传感器、路面检测器等组成。

    A.传感层   B.应用层   C.决策层   D.接入层

2.福建省高速公路智慧养护管理系统技术架构包含6层,其中( )是根据数字高速管理和服务的需求建立的各种智慧应用和应用整合。

    A.传感层   B.应用层   C.决策层   D.接入层

3.河北省高速公路智慧养管系统中的公路技术状况评定系统除了包含公路技术状况评定系统(MQI)子系统,还包含( )。

    A.公路技术状况评定子系统   B.桥梁技术状况评定子系统

    C.隧道技术状况评定子系统   D.公路数据库

4.根据四川省高速公路桥梁安全监测示范系统的桥梁安全风险分析,高速公路连续刚构桥梁发生概率大且危害也大的病害类型为( )。

    A.基础不均匀变位 B.密集超重活载   C.预应力损失   D.混凝土缺损

5.根据四川省高速公路桥梁安全监测示范系统,高速公路连续刚构桥梁挠度监测宜选用以下哪种数据采集仪器( )。

    A.封闭连通管   B.车轴车速仪   C.梁端位移计   D.数字气象站

6.根据四川省高速公路桥梁安全监测示范系统,高速公路斜拉桥发生概率大且危害也大的病害类型为( )。

    A.索力明显改变   B.预应力损失

    C.基础不均匀变位   D.伸缩缝及支座病害

7. 根据四川省高速公路桥梁安全监测示范系统,高速公路简支梁桥的示范工程高滩大桥的上部结构是以下哪种桥型?(　　)

　　A. 预应力简支 T 梁　　　　　　　　B. 预应力小箱梁

　　C. 预应力空心板桥　　　　　　　　D. 现浇箱梁

8. 根据四川省高速公路桥梁安全监测示范系统,高速公路简支梁桥高滩大桥主梁应力监测选用了以下哪种传感器?(　　)

　　A. 光纤光栅钢筋计　　　　　　　　B. 光纤光栅位移计

　　C. 智能张拉设备　　　　　　　　　D. 光纤光栅温度传感器

9. 根据四川省高速公路桥梁安全监测示范系统,高速公路简支梁桥高滩大桥主梁环境温度监测选用了以下哪种传感器?(　　)

　　A. 光纤光栅钢筋计　　　　　　　　B. 光纤光栅位移计

　　C. 智能张拉设备　　　　　　　　　D. 光纤光栅温度传感器

10. 根据四川省高速公路桥梁安全监测示范系统,高速公路简支梁桥高滩大桥主梁伸缩缝位移监测选用了以下哪种传感器?(　　)

　　A. 光纤光栅钢筋计　　　　　　　　B. 光纤光栅位移计

　　C. 智能张拉设备　　　　　　　　　D. 光纤光栅温度传感器

11. 根据四川省高速公路桥梁安全监测示范系统,高速公路简支梁桥高滩大桥监测系统现场供电选用了以下哪种设备?(　　)

　　A. 网络硬盘录像机　　　　　　　　B. 光纤光栅解调仪

　　C. 太阳能供电系统　　　　　　　　D. 工控机

二、多选题

1. 福建省高速公路智慧养护管理系统按照"1+2+N"的架构进行建设,其中两个平台分别为(　　)。

　　A. 养护信息化集成应用平台　　　　B. 高速公路施工管理平台

　　C. 养护大数据分析应用平台　　　　D. 公路桥梁监控管理平台

2. 福建省高速公路智慧养护管理系统技术架构包含 6 层,自下至上依次为(　　)、基础设施层、信息资源层、应用服务支撑层以及(　　)。

　　A. 决策层　　　　　B. 应用层　　　　　C. 传感层　　　　　D. 接入层

3. 河北省高速公路智慧养管系统由(　　)组成。

　　A. 公路技术状况评定系统　　　　　B. 路面管理系统

　　C. 日常养护管理系统　　　　　　　D. 综合养护分析系统

4. 河北省高速公路智慧养管系统的核心功能包括(　　)。

　　A. 公路日常巡查　　　　　　　　　B. 公路养护管理

　　C. 桥梁施工监控　　　　　　　　　D. 隧道监控量测

5. 四川省高速公路桥梁安全监测示范系统的示范工程选取的桥梁类型包括以下哪几种?(　　)。

　　A. 斜拉桥　　　　B. 中下承式拱桥　　　　C. 连续刚构桥　　　　D. 悬索桥

6. 四川省高速公路桥梁安全监测示范系统的示范工程,高速公路简支梁桥高滩大桥监测的项目包括(　　　)。

  A. 环境温度　　　　　B. 主梁应力　　　　　C. 伸缩缝位移　　　　D. 主梁应变

  7.高速公路桥梁监测系统的监测数据预处理模块,可以对所采集仪器采集到的数据进行预处理,数据预处理的功能包括(　　　)。

  A. 滤波　　　　　　　　　　　　B. 提取

  C. 通道间的数据耦合　　　　　　D. 数据格式转换

  8.高速公路桥梁监测系统的结构安全评估及实时预警模块,可以在监测数据超出阈值时进行安全预警,安全预警信息一般应包括(　　　)。

  A. 预警级别　　　　　　　　　　B. 传感器编号和位置

  C. 报警的监测值和预警值　　　　D. 警告信息处理方法

三、判断题

  1.福建省高速公路智慧养护管理系统的建设目标是通过高速公路养护集成整合,最终实现养护工程项目的标准化、流程化、数字化、科学化、智能化管理。　　　　　　(　　　)

  2.福建省高速公路智慧养护管理系统技术架构包含6层,其中接入层通过各种服务渠道和服务形式向政府、企业和公众提供一体化、信息化服务,构建统一门户,提供一站式服务。

                              (　　　)

  3.河北省高速公路智慧养管系统中的路面管理系统的主要作用是:为公路规划、管理与养护技术人员进行路面技术状况评价、路面养护需求分析、路面养护预算分析和路面养护计划编制。　　　　　　　　　　　　　　　　　　　　　　　　　　　　(　　　)

  4.四川省高速公路桥梁安全监测示范系统的主要目的是建立传感器监测系统,以实现数据实时采集和数字化传输。　　　　　　　　　　　　　　　　　　　　　　(　　　)

  5.桥梁健康监测系统的数据采集与传输方案,主要依据桥梁的跨径、供电等因素来决定主机的布置及数据传输的方式。　　　　　　　　　　　　　　　　　　　　　(　　　)

四、思考题

  1.福建省高速公路智慧养护管理系统的总体技术架构包括哪几层?这几层的相互关系是什么?

  2.河北省高速公路智慧养管系统有哪几类子系统?能实现什么样的功能?

第三篇　实践篇

土木工程信息化试验

第8章　实践性试验

实践性试验一:基于手机的混凝土缺陷检测与识别

一、试验目的

(1)了解基于手机的混凝土内部缺陷及裂缝检测与识别的原理。
(2)掌握手机声频的基本使用方法。

二、试验设备及装置

(1)手机声频检测仪(KAS)。
(2)混凝土内部缺陷模型、混凝土裂缝模型。

三、试验方案

1. 检测对象准备

混凝土内部缺陷模型、混凝土裂缝模型。

2. 检测设备准备

手机声频检测仪(KAS)。

3. 准备工作

(1)根据测试要求及相关资料,准备好激振锤。
(2)使用手机声频检测仪,打开软件准备测试。

四、试验原理

1. 混凝土内部缺陷检测原理

混凝土内部缺陷检测是利用一个短时的瞬态冲击(用一个小球或者小锤轻敲混凝土表面)产生低频的应力波,应力波传播到结构内部,被缺陷和构件底面反射回来,本系统采用专

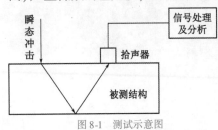

图8-1　测试示意图

业拾声器拾取被测体的振动信号,并将振动信号传送到信号处理仪器,将所记录的信号进行分析,从而确定结构的缺陷位置。该检测方法结合了弹性波冲击回波法和打声法的优点,是基于声频的非接触、移动式的无损检测方法。冲击回波声频法对浅层缺陷、数十厘米深的缺陷均能较好识别,如图8-1所示。

2. 混凝土裂缝宽度检测原理

(1)裂缝识别。使用手机内置照相机拍摄裂缝和标识物,对拍摄的图片进行二值化运算,用于过滤图像噪声点。再通过Canny算子勾勒图像轮廓,对勾勒的轮廓进行数值处理,使轮廓连接更加平滑,获取图像所有轮廓并填充,过滤掉面积小于一定阈值的轮廓。最后通过简易的自定义卷积算法来将图中的参照物消除,使成像图片更清晰、美观。

(2)宽度检测。通过写入软件的参照物大小以及处理后图像中参照物的像素得出该图像每个单元像素的大小,从而计算裂缝的像素和对应的大小。

五、试验步骤

1. 混凝土内部缺陷检测试验步骤

相关资源见基于手机的混凝土缺陷检测与识别二维码。

1) 数据标定

(1)打开手机声频软件,在软件首页点击 标定进入 按钮。

(2)在选取标定文件夹界面点击右上角的 新建文件夹 按钮,输入相应测试文件名。

基于手机的混凝土缺陷检测与识别

(3)文件名命名好后点击 确定 按钮,返回选取标定文件夹界面。再点击刚命名好的文件夹进入标定界面。

(4)根据实际情况对被测模型进行布点。

(5)长按 录音 按钮,开始采样,用激振锤敲击缺陷模型,手机麦克朝向激振点并保持一定距离(10～20cm),敲击结束松开 录音 按钮,自动跳转到数据分析界面。

(6)根据所测模型位置,分别选择相应的 健全 按钮和 缺陷 按钮,提示"标定成功"后再分别采集标定"健全""缺陷"位置数据至少3次,操作步骤同前。

(7)采集完标定数据,返回首页。

2) 数据测试

(1)在软件首页点击 测试进入 按钮,进入选取标定文件夹界面。

（2）选择刚刚采集标定的数据文件夹，在弹出的新界面输入相应的文件名，再点击相应界面的 计算标定数据 按钮，出现"计算完成！"提示后，再点击 开始 按钮，进入测试界面。

（3）点击界面左下角的 保存 按钮，给测试数据命名，设置好相应的文件名后，继续点击该界面的 确定 按钮。

（4）长按 录音 按钮，开始采集数据，用激振锤敲击缺陷模型，手机麦克朝向激振点并保持一定距离（10～20cm），敲击结束后松开 录音 按钮，自动跳转到数据分析界面。

（5）数据分析界面自动进行结果判定（根据数据参数栏文字提示及颜色判定，"健全"为绿色，"缺陷"为红色），再点击左下角的 保存 按钮，保存本次测试数据。

（6）根据现场实际情况，决定是否生成 GRD 文件。如果需要，继续点击测试界面左下角 GRD 按钮，设置测点情况及测点间距。

2.混凝土裂缝宽度检测试验步骤

1）数据采集

（1）打开裂缝测宽手机 App。

（2）打开 App 内置摄像机，拍摄混凝土裂缝表面。

（3）对拍摄的图片进行过滤、消除、勾勒等处理，使成像图片更清晰、美观。

2）数据分析

（1）打开裂缝测宽手机 App。

（2）对拍摄处理后的裂缝图片进行裂缝宽度识别。

完成试验后请填写评价反馈表（表 8-1）。

评 价 反 馈 表

表 8-1

姓　　名	班　　级	试验质量评价	试验完成情况	特 别 建 议

实践性试验二：裂缝监测系统的搭建及运用

一、试验目的

（1）了解裂缝监测系统的监测与识别的原理。

（2）掌握关于裂缝监测系统的搭建及运用。

二、试验设备及装置

（1）采集仪、裂缝计、电源适配器、用户识别模块（SIM卡）、天线。

（2）接线端子、螺栓、剥线钳、一字螺丝刀、十字螺丝刀。

三、试验方案

1. 监测对象准备

裂缝模型。

2. 监测设备准备

裂缝计、采集仪。

3. 准备工作

（1）根据测试要求及相关资料，准备好采集仪、裂缝计。

（2）连接好线路，准备测试。

四、试验原理

裂缝计装置的核心是铁芯可动变压器。由铁芯、衔铁、初级线圈、次级线圈组成。初级线圈、次级线圈分布在线圈骨架上，线圈内部有一个可自由移动的杆状衔铁。当衔铁处于中间位置时，两个次级线圈产生的感应电动势相等，这样输出电压为0；当衔铁在线圈内部移动并偏离中心位置时，两个线圈产生的感应电动势不等，有电压输出，其电压大小取决于位移量的大小。

测试人员通过采集仪可实现现场的数据采集、传输，数据通过有线或无线方式进行传输。通过裂缝模型观察裂缝变化，将采集到的数值上传至监测系统平台。

五、试验步骤

（1）准备好裂缝计、采集仪。

（2）检查采集仪、裂缝计是否完好，检查裂缝计、伸缩杆的伸缩是否正常。

（3）需要用到的工具为剥线钳：剥外线时选取距线端3cm的位置，用剥线钳的刀口旋绕一周，外线胶皮脱落即可；剥内线时须选择合适的钳口。当不确定选择哪个口时，建议从最大钳口处开始尝试。

（4）线路连接：SIM卡连接，采用物联网卡或者手机卡，有纹路的一面朝上，缺口朝里。对准SIM卡端口，小心插入，听到"咔嚓"声表示插好了。

天线连接：适当拧紧天线与采集仪连接部分。

端子安装：将端子正确插入采集仪。

（5）裂缝计接线：用一字螺丝刀拧开接线端子。

（6）正确接线，接线要求为，"红色：电源+""黑色：电源−""蓝色：信号A""白色：信号B"，不要把线交叉连接，不要裸露金属芯，适当拧紧接线防止松动。

（7）采集仪接通电源。推荐利用配备的电源适配器给采集仪供电。

（8）连接采集仪的Wi-Fi（Wi-Fi账号和密码见采集仪背面）。

（9）打开裂缝监测系统，输入账号及密码，浏览器登录采集终端。

（10）正确完成采集仪的基本设置（详见使用说明书）。

（11）检查数据采集是否正常：查看采集仪的 TX、RX 灯是否交替闪烁，4G 灯是否闪烁。

（12）安装裂缝计：安装前断电；在模型上安装裂缝计前，需要拔掉树莓派的电源；确定安装孔和安装方向，将裂缝计伸缩杆适当压缩，选择距离适当且与裂缝垂直的两个安装孔；拧螺栓，先将螺母拧入安装孔，再将裂缝计放上，最后拧上螺栓，拧螺栓时适当用点力；将裂缝计电缆线捋直，避免模型运动时压入电缆线，注意看电缆线的方向。

（13）检查数据采集是否正常：重复步骤（连采集仪 Wi-Fi，打开采集终端），点击 数据视图 — 数据曲线 。

（14）测试完点击 提交监测数据 按钮。

（15）测试结束后，先断开采集仪的电源；用十字螺丝刀取下裂缝计，取的时候要拿着裂缝计一端，避免裂缝计突然弹开而损坏。

完成试验后请填写评价反馈表（表8-2）。

评 价 反 馈 表

表 8-2

姓　名	班　级	试验质量评级	试验完成情况	特 别 建 议

第9章　演示性试验

演示性试验一:机器学习(AI)模型训练及应用

一、试验目的

(1)掌握机器学习(AI)模型训练及应用的原理。

(2)掌握机器学习(AI)模型训练及应用的操作步骤和测试方法。

二、试验设备及装置

(1)冲击弹性波无损检测仪(PE)。

(2)混凝土教学模型(带有缺陷)。

(3)计算机(电脑)。

三、试验方案

1. 检测对象准备

带缺陷的混凝土模型。

2. 检测设备准备

(1)冲击弹性波无损检测仪(PE)。

(2)计算机(电脑)。

3. 准备工作

(1)根据需要选择有代表性的测区,并对测点清楚记录、明确编号。

(2)根据测试要求确定测试频率、测试数量。

（3）根据测试需要连接好仪器设备。

（4）调试仪器设备，确认运转正常。

（5）打开设备准备测试。

四、试验原理

机器学习可从不同的角度，根据不同的方式进行分类。最常用的是按系统的学习能力分类，即机器学习可分为有监督的学习与无监督的学习，两者的主要区别是前者在学习时需要教师的示教或训练，而后者是用评价标准来代替人的监督工作。

在无损检测中，许多时候检测精度高度依赖于操作人员的判断水平，为检测结果的客观性、一致性等带来不利影响，也增加了操作人员的负担。为此，基于 AI（机器学习）的辅助判定手段应运而生，可极大提高检测精度和降低作业难度。同时，我们还可以应用机器学习方法对检测数据进行处理，包括分类、回归及聚类等功能。

（1）分类：内部缺陷（有无、大小）的识别。

（2）回归：数值指标，如厚度、深度、强度、弹性模量等的回归。

（3）聚类：结构损伤程度的划分等。

五、数据准备

AI 辅助无损检测，需要准备数据参数：

（1）在检测软件中生成 AI 使用的参数文件或者图片文件。

（2）准备训练集。对于训练集，需要的是有验证的检测数据。

（3）选取算法和训练模型。

（4）对模型的精度、泛化能力进行评估。

（5）在边缘端或远程服务器端配置训练、评估好的模型，投入实际应用。

（6）在实际应用中对模型不断地验证，不断提高模型的泛化能力与预测精度。

检测判断的流程如图 9-1 所示。

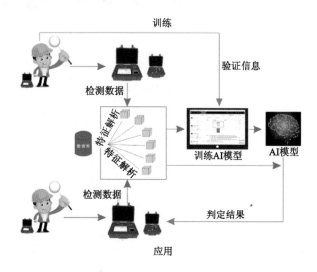

图 9-1　检测判断的流程

六、试验步骤

采用机器学习对混凝土块中的管道缺陷信号进行训练和识别。

机器学习模型
训练及应用

针对教学用混凝土模型(有、无内部空洞),分别采用 SA12SC、S21C 和 S31SC 三种不同型号的传感器,共计采集 111 个数据用于训练,另外采集 50 个数据用于测试。相关资源见机器学习模型训练及应用二维码。

1. 数据

分析数据包括激振信号特征、频谱特征(FFT、MEM)等共计 9 个参数。同时,对于内部状况分为 3 类,即健全(Sound),有缺陷(Defect)和过渡段,不确定(Uncertain)。

2. 训练及模型建立

考虑到数据的特征状态,采用贝叶斯网络和神经元网络作为基本模型。此外,为了分析各个参数对判断结果的影响,还需采用决策树方法进行分析。

1) 贝叶斯网络模型

贝叶斯网络模型如图9-2 所示。

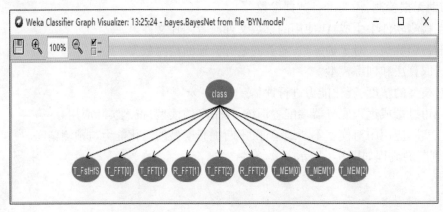

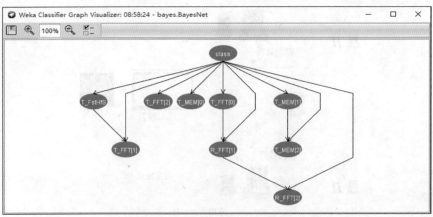

图 9-2　模型示意图(从上到下分别为 1 层和 2 层模型)

2）神经元网络模型

神经元网络模型如图9-3所示。

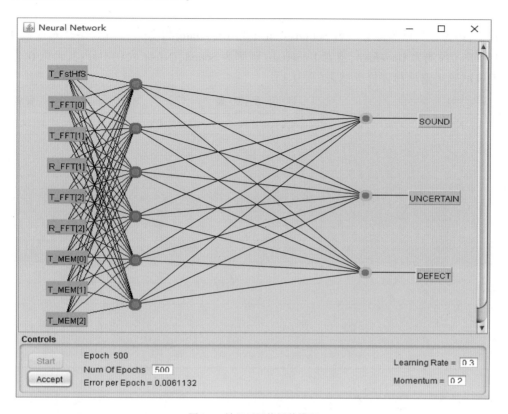

图9-3 神经元网络评估模型

3）模型精度对比

各种识别模型的精度比较见表9-1。

各种识别模型的精度比较　　　　　　　　　　　表9-1

模　　型	准　确　度	精　　度	再　现　率	F　值	ROC　面　积
贝叶斯网络（1 层）					
贝叶斯网络（2 层）					
决策树（J48）					
神经元网络					

3. 测试结果及准确度

用贝叶斯网络模型及神经元网络对测试数据进行分析后，请将准确度填入表9-2中。

各种识别模型的精度比较　　　　　　　　　　　表9-2

模型	贝叶斯网络（1 层）	贝叶斯网络（2 层）	神经元网络
准确度			

准确度的计算方式如下:

$$A = \frac{\sum P_i}{N} \qquad (9-1)$$

其中,P_i 为各测点的得分。若 Sound、Defect 和 Uncertain 的实际和预测完全对应取 1 分;Sound、Defect 预测为 Uncertain,或者 Uncertain 预测为 Sound、Defect 取 0.5 分;其余取 0 分。

完成试验后请填写评价反馈表(表9-3)。

评 价 反 馈 表 表9-3

姓　　名	班　　级	试验质量评级	试验完成情况	特 别 建 议

演示性试验二:填方工程的连续压实控制系统试验

一、试验目的

(1)掌握连续压实控制系统的评估原则。

(2)了解连续压实控制系统的构成。

(3)了解连续压实控制系统的操作,以及理解各个测试指标的意义。

(4)了解施工工艺流程、压实质量检测方法和质量控制目标。

二、试验设备及装置

(1)一块空旷无遮拦的碾压场地。

(2)连续压实控制系统(SSFS-ICCC)。

(3)落球式回弹模量测试仪(SFB-RMT)。

三、试验方案

1. 检测对象准备

空旷无遮拦的碾压场地。

2. 检测设备准备

(1)连续压实控制系统(SSFS-ICCC)。

（2）落球式回弹模量测试仪（SFB-RMT）。

3.准备工作

（1）根据测试要求及相关资料，正确连接及安装硬件部分和软件部分。

（2）正确连接落球式回弹模量测试仪。

四、试验原理

本系统主要针对路基路面等高填方工程的连续压实施工，基于厘米级的高精度定位设备，可实时远程监控压路机的轨迹、振动频率、碾压速率等参数，通过蓝牙传递到驾驶内平板中，系统根据参数自动计算碾压遍数，生成碾压次数热力图。施工过程中对漏碾、过碾等情况进行实时提醒。同时通过采集碾压轮的振动数据，计算压实指标，可连续计算压实情况并绘制云图。

碾压过程信息可以通过网络实时回传到专用服务器内存储，做到随时随地查看碾压详情，相关人员能在 B/S 客户端查看项目信息、压实度信息等。

采用落球检测设备，可将指标同实际的检测参数相统一，可大幅提升压实指标的可靠性。系统还可通过手机 App 对运料车及装载机进行监测。碾压完成后可通过落球检测设备对碾压质量进行快速检测，实现碾压、检测一体化管理。连续压实控制系统组成表见表9-4。相关资源见填方工程的连续压实控制系统。

填方工程的连续压实控制系统

连续压实控制系统组成表   表9-4

	碾压轨迹监测	
	振动传感器	用于采集振动信号并转换为电荷信号
	主机(含平板电脑)	分析处理信号，计算显示终端
硬件部分	GNSS 接收机	跟踪碾压轨迹
	落球检测仪标定	
	落球式回弹模量测试仪	CEV 压实指标标定
	GNSS 接收机	跟踪记录测点定位
	分析软件	用于对信号进行采集、保存、分析
	服务器	数据存储管理终端
	B/S 端	
软件部分	实时监控多台振动碾的工作状况，查看历史数据、后台管理	
	App 端	
	对运渣车轨迹进行检测	

五、试验步骤

1.碾压测试

1）硬件连接

定位模块连接上 GNSS 天线、GSM 天线，并将 GNSS 天线固定到压路机车顶，定位模块采集定位数据,接通电源,等待定位模块红色、绿色信号灯由闪烁到常亮,标识定位数据获取到固定解,即定位精度达到厘米级。振动模块的安装,通过强磁铁将振动模块牢固地固定在振动压路机的机架上,然后打开电源开关。

2)打开车载终端连接硬件并开始工作

打开平板软件,输入账号、密码,点击登录,选择需要检测的项目,由历史数据选择是否续碾,若选择"是",将继续上一次的碾压施工;若选择"否",则自动开始新一层的碾压检测。等待软件自动连接振动模块、定位模块。连接状态及定位设备标号会在软件右下角提示。连接成功后即开始正常检测。打开软件后先勾选"CEV标定"选项,然后点击 开始 按钮重复先前过程,开始正常工作,待碾压施工完成,落球检测设备上传相应标定数据后,点击 暂停 按钮,暂停当前工作;点击 获取标定值 按钮获取 CEV 标定结果,完成标定。点击 开始下一层 按钮,开始正常施工。

2. 落球回弹模量检测仪标定

(1)打开数据采集系统。

(2)数据采集步骤:

①为数据采集新建或者选择一个工程文件夹,设置工程文件夹保存路径后,可选择填写工程信息,点击 确定 按钮进入到下一步。

②勾选 CEV 标定项目,输入账号、密码,登录系统。

③输入数据保存文件名。

④根据现场实际情况进行落球解析设定。

⑤点击 零点标定 ,测试环境的噪声电压并进行标定,一方面是为了检测仪器是否能够正常工作;另一方面可以根据标定结果调整相应参数,降低环境噪声,以消除其对测试结果的不利影响。此时程序中显示的测定电压即为标定电压。如果标定电压大于 0.2V,说明环境噪声过大,不建议进行测试工作。

⑥点击 采集数据 按钮,需要在 10s 内按照测试方案的激振方式对受检路基进行激振。检测仪会自动采集信号并将采集到的信号波形在软件上显示。

⑦当用户采集到符合要求的波形后,即可通过点击 保存数据 按钮保存数据。

⑧当用户对同一构件进行数据连续采集时,可点击连续采集按钮,连续对受检路基进行激振,此时每采集一个数据,系统会进行自动保存,连续采集完成后,点击 停止采集 按钮,即可终止本次连续采集。

⑨采集完成后,依次点击 批量解析 、 结果一览 、 保存结果 按钮。

⑩数据解析完成后点击 上传数据 ,选择当前数据文件进行上传。

完成试验后请填写评价反馈表(表9-5)。

评价反馈表

表9-5

姓　名	班　级	试验质量评价	试验完成情况	特　别　建　议

演示性试验三：中小跨径桥梁健康监测系统试验

一、试验目的

（1）掌握桥梁健康监测系统的评估原则。

（2）了解桥梁健康监测系统的构成。

（3）了解桥梁健康监测系统的操作，以及理解各个监测指标的意义。

二、试验设备及装置

（1）中小跨径桥梁模型。

（2）桥梁健康监测系统（BSS-RMS-M）。

（3）梁体弹性模量测试系统：混凝土多功能无损测试仪（SCE-MATS）。

三、试验方案

1.监测对象准备

中小跨径桥梁模型。

2.监测设备准备

（1）桥梁健康监测系统（BSS-RMS-M）。

（2）混凝土多功能无损测试仪（SCE-MATS）。

3.准备工作

（1）根据测试要求及相关资料，设计传感器安装位置。

（2）正确连接仪器设备。

（3）调试仪器设备，确定其运行正常。

（4）打开计算机准备试验。

四、试验原理

被动型监测系统通过连续测试桥梁在运营过程中因车辆通行等荷载所引起的关键物理量

变化,进行数据综合分析,从而推断桥梁的健康状态。被动型监测系统主要监测项目见表9-6。

被动型监测系统主要监测项目 表9-6

对 象	传感器种类	测 试 参 数	监 测 对 象
桥梁	加速度计	动挠度	梁的承载力(不含自重)、超载
		振动模态、频率	梁的刚性状况、损伤状况
	倾角计	静挠度	梁的承载力(含自重)
		横向稳定性	桥板的翻转
	温度传感器	混凝土内温度	对温度效应进行补偿、修正
桥墩	加速度计	振动模态、频率	桥墩的约束状况(基础冲刷等)
交通	数字摄像机	视频	桥梁的整体状态、交通状态

五、试验步骤

(1)打开系统软件。

(2)建立桥梁资料,包含桥梁名称、结构、传感器的布置等。

(3)选定桥梁,进行预警系统的参数设定(参数来自快速无损检测)。

基于网络型监测测试仪的物联网数据采集

(4)进入监测系统界面,用模型工程车模拟不同荷载驶过桥面时的情况,并记录振动特性。

(5)进入评估系统界面,将记录的数据进行下列评估,并得出评估结论:

①与设计资料的桥梁刚度对比(主要是梁的动、静扰度等)。

②与设计资料的相应允许值对比(主要是梁的动挠度、固有频率等)。

③与监测数据变化历史对比。

完成试验后请填写评价反馈表(表9-7)。相关资源见基于网络型监测测试仪的物联网数据采集二维码。

评 价 反 馈 表 表9-7

姓 名	班 级	试验质量评价	试验完成情况	特 别 建 议

附录 "1 + X"《路桥工程无损检测职业 技能等级标准 》(2021 版)

读者可扫描以下二维码,阅读"1 + X"《路桥工程无损检测职业技能等级标准》(2021 版),参考学习。

"1+X"《路桥工程
无损检测职业技能
等级标准》(2021版)